하늘, 비행기,
그리고 사람들

비행기를 좋아하고 항공업계를 꿈꾸는 이들을 위한

하늘, 비행기, 그리고 사람들

이근영·조일주 지음

준커뮤니케이션즈

비행기를 좋아하고 항공업계를 꿈꾸는 이들을 위한
하늘, 비행기, 그리고 사람들

발행일 | 2015년 7월 1일
4쇄 | 2019년 11월 1일

지은이 | 이근영, 조일주
펴낸이 | 박준성
일러스트 | 강진희
펴낸곳 | 준커뮤니케이션즈 | 출판신고 · 2004년 1월 9일 제25100-2004-1호
대구광역시 중구 명륜로 129 삼협빌딩 3층
전화 | (053)425-1325 · 팩스 | (053)425-1326 · 홈페이지 | www.jbooks.co.kr

ISBN 978-89-93272-66-6

값 12,000원

- 이 책은 저작권법에 따라 보호받는 저작물이므로 무단전재와 무단복제를 금지하며, 이 책 내용의 전부 또는 일부를 이용하려면 반드시 저작권자와 준커뮤니케이션즈의 서면 동의를 받아야 합니다.
- 저작권자와 맺은 협의에 따라 검인을 생략합니다.
- 잘못 만들어진 책은 서점에서 바꿔드립니다.

머리말

    땅콩회항사건으로 온 국민이 항공사와 검찰이 벌인 항로와 항공로의 법리 공방을 지켜보았다. 모 가수의 객실 난동에 대하여는 기내에서 와인을 얼마나 서빙 하였기에 하는 댓글이 달린다.

    항공기와 관련된 이야기는 모두에게 흥미진진하다. 항공전문가라고 자처하고 살아왔지만, 그간 체득한 항공 이야기를 정리하지 못한 것이 늘 마음에 걸렸는데 본의 아니게 세종시로 강제이주(?) 되어 저녁마다 혼자 있는 시간이 생긴 것이 책을 내게 되는 계기가 되었다. 글을 쓰면서 이런 이야기는 내가 아니면 정리할 사람이 없겠지 하는 근거 없는 자긍심에 미소 짓기도 하였다. 아는 만큼 보인다는 이야기가 있다.

    조종사 또는 객실승무원, 항공정비사 등 항공 관련 직업을 위해 공부하는 학생이나 면접 준비생들이 읽고 항공에 대한 기초상식을 배양하는 데 도움이 된다면 큰 기쁨이 되겠다. 항공과 전혀 관련이 없는 삶을 사시는 분들도 여행을 위해서 항공기를 탑승하게 될 것이므로 부담 없이 읽고 아하 그렇구나 하게 되면 이 또한 즐거움이 되지 않겠는가?

    공동저자 조일주 님과 감수에 참여해준 국토교통부 항공정책실 선후배 님들에게 감사의 말씀을 드리고 사랑으로 격려해준 가족들에게 이 책을 선물한다.

이 근 영

머리말

항공업무를 하다가 궁금한 것을 책이나 인터넷에서 찾기 어려울 때가 많았다. 작은 수첩에 찾는 대로 적어놓으니 점점 여러 권이 되었다. 정리하는 셈 치고 항공블로그를 하나 만들어 옮겨놓았다. 의외로 많은 분이 블로그를 방문하시고 감사의 글을 받기도 했다. 몇 분은 책으로 안 쓰냐고 물어보시기도 했다.

그러던 중 국토교통부 이근영 사무관님의 공동집필 제의를 받았다. 그리고 1년여 후 책을 쓰기로 하여 2014년초 목차와 내용을 분담하여 정리했다. 공동저자 이근영 사무관님의 열정과 추진력이 있었기에 이 책이 나올 수 있었다. 준커뮤니케이션즈 박준성 대표님의 출판 결정과 편집 노력에 감사드린다.

조종사나 승무원으로 하늘을 나는 것을 꿈꾸는 분들께, 정비사나 관제사로 항공업계의 버팀목이 되기를 바라는 분들께 이 책이 도움되기를 바란다.

조 일 주

추천의 글

오래전 데이빗 카퍼필드라는 유명한 마술사가 무대에 걸터앉아 자기의 어릴 적 꿈은 하늘을 나는 것이었다는 얘기를 하더니 갑자기 무대 위를 이리저리 날아다니는 것을 신기해하며 본 적이 있었습니다.

하늘을 날아 보고자 하는 것은 그 마술사 만의 꿈은 아닐 것입니다. 요즘 우리는 그 꿈을 비행기를 통해서 실현시키고 있습니다. 그 꿈이 어떻게 이루어지는지, 누가 그것을 도와주는지, 그리고 그 과정에서 어떠한 일들이 일어나고 있는지에 대한 것들이 이 책에 있었습니다.

이 책은 항공관련 업종에 종사하고자 하는 사람들에게도 유익하지만 항공기를 이용하는 승객 입장에서도 많은 도움이 되는 내용으로 채워져 있습니다.

필자들이 항공현장에 오랜 시간 경험한 내용들이어서 그런지, 평소에 비행기를 타고 다닐때마다 궁금해 하던 내용이 실제 사례와 함께 쉽고 재미나게 설명되어 있었습니다. 누구나 가벼운 마음으로 읽기 좋은 책이라는 생각이 들었습니다.

하늘과 비행기, 그리고 그와 관련된 사람들에 대한 궁금증을 가지신 분들에게 도움이 될 것을 확신하며 추천해 드립니다.

경제 · 인문사회연구회 이사장 안 세 영

| 차례 |

episode 001 하늘의 역사

인류 최초의 비행은? · 4
꿈꾸는 비행사 다빈치 · 5
몽골피에 형제의 열기구 · 6
글라이더의 황제 릴리엔탈 · 8
인류 최초의 동력비행 · 10
라이트형제와 릴리엔탈의 차이점 · 12
2030년에는 몇 대의 항공기가 날아다닐까요? · 14

episode 002 항공기

항공기의 종류에는 어떤 것들이 있나요? · 18
국가기관 등에 포함되는 항공기는 무엇인가요? · 21
경량항공기는 무엇을 말하나요? · 22
초경량비행장치는 무엇을 말하나요? · 24
항공기는 어떻게 등록해야 하나요? · 28
소음이 큰 항공기는 불이익이 있나요? · 29
항공기를 등록할 수 없는 경우는 어떤 것인가요? · 30
항공기에는 어떤 서류를 탑재해야 하나요? · 32
비행기는 어떻게 날까요? · 34
비행기가 뒤집혀도 날 수 있나요? · 36
항공기에는 어떤 무선설비를 장착하고 운영하나요? · 38
항공기에 내린 눈은 왜 치워야 하고 어떻게 치우나요? · 40
항공기 타이어는 자동차 타이어와 다른가요? · 42
항공기 이륙에 필요한 거리는 어떻게 계산하나요? · 44
항공기로 밀항이 가능한가? 목숨을 걸어야 · 45
항공기의 체공시간은? · 46

비행 중 문을 열 수 있나요? • 48
착륙한 뒤에 엔진 소리가 더 커지는 이유는? • 50
비행기는 후진이 가능하다? • 52
비행기에 사용하는 연료의 종류와 양은? • 53
수면비행 선박이란? • 54
우리나라가 비행기를 못 만드는 이유는? • 56
초음속 비행기의 흥망 • 58
항공기도 많이 팔린 명품 기종이 있나요? • 60
영화와 실제의 차이 • 62

episode 003 자격

항공종사자는 어떤 사람들을 말하는가요? • 66
항공종사자는 몇 살부터 시험에 응시할 수 있나요? • 69
항공종사자 자격증명은 어떤 종류가 있나요? • 70
우리나라에서 조종사가 되려면? • 72
안경을 낀 사람은 조종사가 될 수 없나요? • 73
조종사 음주? • 74
실제 비행기를 이용하지 않고 모의비행장치로 시험을 칠 수 있나요? • 75
외국 자격증을 우리나라에서 인정해 주나요? • 76
항공통신사는 어떤 역할을 하나요? • 77
관제사가 되려면 어떻게 해야 하나요? • 78
운항관리사는 어떤 일을 하나요? • 80
항공신체검사증명은 어떤 종류가 있고 유효기간은 어떻게 되나요? • 82
항공영어 구술능력증명은 무엇이고 어떤 사람들이 받아야 할까요? • 84
캐빈승무원은 자격증이 필요하나요? • 86
키가 커야 캐빈승무원을 할 수 있다? • 88

episode 004 항공안전 및 보안

항공기 사고와 준사고의 구분은 어떻게 하나요? • 92
항공안전의무보고와 자율보고의 차이점은? • 94
구조요청은 왜 Mayday를 세 번 부르나? • 96

항공기 사고가 발생하면 탑승자의 구조 및 보상 책임은 누구에게 있나요? • 97
블랙박스는 검은 박스? • 98
비행기가 추락한 경우 위치추적은? • 100
이착륙 시 좌석 등받이를 세우라고 하는 이유는? • 101
이착륙 시 왜 창문 커튼을 걷나요? • 102
비상사태에는 어떤 자세가 가장 안전한가요? • 103
항공기에서 휴대전화 사용을 금지하는 이유는? • 104
항공기와 새가 맞짱 뜨면 누가 승리하나요? • 105
세계에서 가장 안전한 항공사는? • 106
정시운항이 다 좋은 건가요? • 107
항공기 기내에 반입할 수 없는 위험물질은? • 108
항공사고 배상소송 관할권은? • 109
전신검색기는 어떻게 운영되나요? • 110
항공기에 탑재되는 구급용구에는 어떤 것들이 있나요? • 112

episode 005 항공운항

항공기의 기장은 어떤 권한을 행사할 수 있나요? • 116
어느 좌석에 앉은 조종사가 조종하나요? • 118
조종사의 운항자격 심사는 어떻게 하나요? • 119
조종사의 승무시간 제한은 어떻게 되어 있나요? • 120
쌍발항공기의 장거리 운항(ETOPS) • 122
공중에서 연료를 버려야 착륙할 수 있다던데? • 124
공중충돌 경보장치가 있다는데? • 126
조종사는 전 세계 어떤 공항에도 이착륙할 수 있나요? • 129
비행금지구역이란? • 130
편대비행이란? • 132
무선통신장비가 고장 난 경우 관제탑과 어떻게 연락하나요? • 134
모의비행장치로 훈련하면 어떤 장점이 있나요? • 135
조종사들이 선글라스를 쓰는 이유는? • 136
조종사는 자동비행과 수동비행을 번갈아 한다? • 138
Tail Strike? • 139
가까이하기엔 너무 먼? Near Miss • 140
부드러운 착륙을 좋아하시나요? • 141

항공정보간행물에는 어떤 내용이 들어 있나요? • 142
캐빈승무원도 비행시간 제한이 있나요? • 144
캐빈승무원은 비행기에 몇 명이 탑승하도록 규정되어 있나요? • 145
비행을 자주 하면 방사선에 많이 투사된다는데 건강에 영향은 없나요? • 146
북한 영공을 통해 비행할 수 있다? 없다? • 148
외국에 착륙한 우리나라의 항공기 정비는 누가 어떻게 하나요? • 150
항공기배출가스 감소방안 • 151
A380은 몇 초 만에 승객을 탈출시켜야? • 152
항공기와 날씨 – 항공기와 바람 • 154
시계비행과 계기비행의 차이점은? • 156
제트기류는 왜 제트기류인가? • 157
안개가 끼면 착륙할 수 없나요? • 158
헬기는 비가 오면 운항할 수 없나요? • 160
위성항법시대 • 161
민간항공기에 대한 전투기의 공격? • 162

episode 006 항공운송

국제민간항공기구는 무슨 일을 하는 기구인가요? • 166
시카고조약은 항공의 기본법? • 168
항공기 기내는 어느 나라 영토로 봐야 하나요? • 170
소형항공운송사업은 어떤 것을 말하나요? • 172
항공운송사업은 어떻게 구분되나요? • 174
항공운송사업 이외에 항공 관련 사업은 어떤 것들이 있나요? • 175
저비용항공사의 기준은? • 176
우리나라에는 몇 개의 항공사가 있나요? • 178
하늘의 자유에는 어떤 것들이 있나요? • 179
항공협정 • 180
버뮤다협정은 무엇을 말하나요? • 182
기술착륙이란 무엇인가요? • 185
이원 5자유란 무엇을 말하나요? • 186
환승(6자유) 운항의 장점은 무엇인가요? • 188
3국 간 운송(7자유)은 어떤 나라들이 허용 하나요? • 191
항공에서 카보타지는 허용되지 않는다는데? • 192

코드쉐어 운항이란? · 194
항공 자유화가 대세인가요? · 196
항공회담은 어떻게 진행되나요? · 198
수하물은 가능한 한 콤팩트하게 · 200
항공권 가격은 며느리도 몰라? · 202
항공권에는 왜 입석 표가 없나요? · 204
비행기에서 로열석은 어디인가요? · 206
운수권은 어떻게 배분하나요? · 207
부친 수하물은 중간 기착지에서 찾아야 하나요? · 208
수하물 분실 시 항공사의 책임은? · 210
e-ticket의 장점은? · 211
마일리지의 허와 실 · 212
slot의 경제학 · 214
항공사의 비용구조 · 217
기내에서 난동 부리면 패가망신 · 218
항공보험 · 220
라운지 이용하기 · 221
고공에서는 술이 더 취한다. · 222
세계에서 가장 먼 비행구간은? · 224
유류할증료는 요금인가? 세금인가? · 225
비행기도 사용료를 낸다? · 226
항공운송과 GDP · 227
온도는 낮게 하고 담요를 나눠준다? · 228
승무원은 어떻게 부르는 게 좋을까요? · 229
뚱보는 요금을 더 받아야? · 230
항공의 Golden Age · 232
비행기 날자 머 떨어진다? · 234
승무원은 어디서 쉬나요? · 236

episode 007 공항

활주로의 번호 부여방법 · 240
진입각지시등(PAPI)은? · 242
활주로와 유도로 등의 차이점은? · 243

항공장애등은 무엇인가요? • 244
공항 주변에는 높은 건물을 지을 수 없나요? • 246
공항 소방대는 어떤 기준으로 설치하나요? • 248

episode 008 항공의 내일

젊은이들이여 국제기구로 진출하자 • 252
가장 안전한 교통수단은? • 253
항공 자유화 확대와 국적 항공사의 경쟁력 강화 • 254
장거리 LCC의 과거와 미래 • 260
항공안전 개념의 적용확대로 안전한 대한민국을 만들자 • 258

| 약력 |

이 근 영 (1963년 서울 生)

서울고등학교
한국항공대학 기계공학과
한국항공대학 교통학 석사
한국항공대학 경영학 박사
공군 ROTC 정비장교
아시아나항공 엔지니어
서울지방항공청 감항검사관
건설교통부 항공국 안전과
미국 NTSB 사고조사/블랙박스 분석팀 인턴근무
미국 연방항공청(FAA) 항공연락관
ICAO 항공안전종합평가 국가코디네이터
국토교통부 항공정책실 국제항공과 항공사무관
(국제기구, 중동지역 항공회담 담당)
국토교통부 항공정책실 운항안전과 항공사무관

조 일 주 (1971년 서울 生)

명덕고등학교
고려대학교 영어교육과
호주 브리즈번 Griffith University 교환학생
금호아시아나MBA(2012, 연세대학교)
고대 영자신문 "Granite Tower" 기자
KBS 굿모닝팝스 하이텔 게시판 운영
금호그룹 공채 입사, 아시아나항공 국제업무팀
한성항공 경영관리팀
에어부산 기획재무팀, 마케팅전략팀, 영업서비스팀
2015년 5월 현재 에어부산 영업기획팀, 항공회담, 노선개발 담당
"조일주의 항공세계" 2007년 이래 8년째 운영 중
(누적 177만명, 일 1,800여명 방문)

episode
001

하늘의 역사

인류 최초의 비행은?
꿈꾸는 비행사 다빈치
몽골피에 형제의 열기구
글라이더의 황제 릴리엔탈
인류 최초의 동력비행
라이트형제와 릴리엔탈의 차이점
2030년에는 몇 대의 항공기가 날아다닐까요?

Success four flights Thursday morning all against twenty one mile wind started from level with engine power alone average speed through air thirty one miles longest 57 seconds inform press home Christmas.

성공 네 번 비행 목요일 오전 모두 21마일 맞바람
평지 출발 엔진 동력만으로 평균속력 공기 중 31마일
최장 57초 신문사에 알려요 크리스마스에 귀가

- 1903년 12월 17일 《라이트형제가 아버지에게 보낸 전문》

"For some years, I have been afflicted with the belief that flight is possible to man. My disease has increased in severity and I feel that it will soon cost me an increased amount of money if not my life."

"지난 몇 년간 인간은 날 수 있다는 믿음에 전염되었다.
내 증상은 점점 심해져서 설령 내 목숨은 아니더라도
상당한 비용을 곧 지불하게 될 것이라고 생각한다."

- 윌버 라이트(형, Willbur Wright), 아이러니하게도 1912년 장티푸스로 세상을 떠남

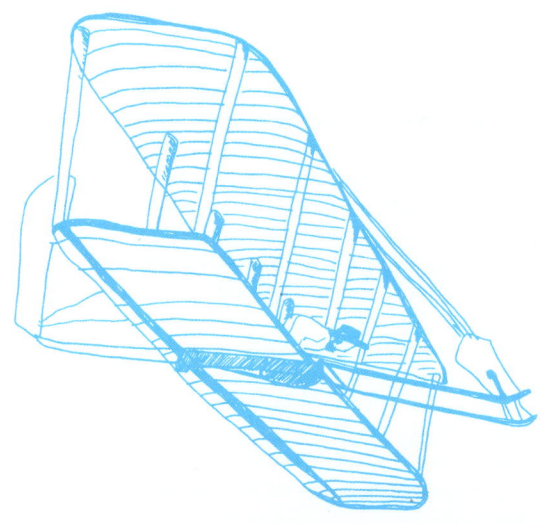

If we worked on the assumption that what is accepted as true really is true, then there would be little hope for advance.

정답이라고 인정되어 온 것을 정말 정답이라고 단정해버리고 일한다면,
진보의 가능성은 거의 없다.

- 오빌 라이트(동생, Orville Wright)

인류 최초의 비행은?

인류 최초의 비행으로 소개되는 것은 그리스 신화의 이카루스Icarus다. 이카루스의 아버지인 다이달로스Daedalus는 아테네의 유명한 기술자였다.

당시 크레테 나라의 임금인 미노스Minos는 머리는 황소 모양이고 몸은 인간인 짐승part man and part bull인 미노타Minotaur가 문제를 일으키자 그를 가두어 놓기 위해 다이달로스에게 영원히 빠져나올 수 없는 미로Labyrinth를 만들게 하였다.

이카루스와 다이달로스의 처음이자 마지막 비행

그러나 다이달로스는 나중에 미노스 왕의 미움을 사게 되어 자기가 만든 미로에 갇히는 신세가 되고 만다.

다이달로스는 밀랍wax으로 새의 깃털feathers을 이어붙인 날개 2채를 만들어 자신과 아들의 탈출용으로 사용한다. 미로의 성을 떠나기 전에 다이달로스는 이카루스에게 태양에 가까울 수 있으니 너무 높이 날지 말고 바다에 가까울 수 있으니 너무 낮게 날아서도 안 되고 오직 자기를 따라오라고 이야기한다. 그러나 이카루스는 하늘을 날게 되자 비행이 주는 자유에 심취한 나머지 너무 높게 나는 바람에 그만 밀랍이 태양열에 녹아서 깃털이 모두 빠지고 바다에 추락해 사망한다.

인류 최초의 비행이 우리에게 주는 교훈은 과도한 열정over-ambition은 사고로 결말 된다는 것이었다.

꿈꾸는 비행사 다빈치

인류를 하늘을 나는 꿈에 한발 짝 더 다가가게 한 사람은 이탈리아의 르네상스 시대 거장인 레오나르도 다빈치Leonardo Da Vinci, 1452-1519다. 그는 한 시대를 풍미한 조각가sculptor, 건축가architect, 음악가musician, 해부학자anatomist, 기하학자geometer, 기술자engineer이자 발명가inventer였다.

그는 여러 방면에 재주가 많은 다재다능한multi-talented personality 천재였다. 그가 그린 모나리자의 미소Mona Lisa와, 최후의 만찬The Last Supper은 미켈란젤로와 맞먹는 인류 최고의 회화 작품으로 평가받고 있다.

다빈치는 새가 하늘을 나는 모습에 착안하여 날틀flying machine을 설계하였다. 비록 인간의 힘으로 새와 같이 날개를 퍼덕여 공중에 날 수는 없지만 풍부한 해부학적 상식을 바탕으로 인류의 날고자 하는 욕망을 구체화 시켰다는 점에서 평가를 받고 있다.

다빈치는 글라이더와 관련된 여러 스케치를 남겼으며 특히 헬리콥터의 기본 개념을 설계하였는데 후대에 현재 운영되고 있는 헬리콥터를 설계하고 제작한 시콜스키Igor Ivanovich Skikorsky, 1889-1972는 다빈치의 스케치에 영감을 얻어 헬리콥터를 설계하고 날게 하였다고 고백할 만큼 다빈치는 항공발전에 크게 이바지한 인물이다.

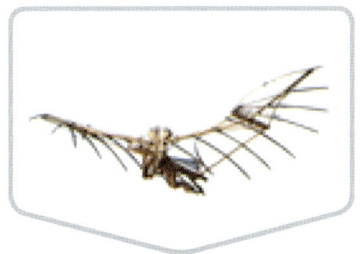

다빈치가 새의 날개를 본떠 설계한 날틀

다빈치의 헬리콥터 개념도

몽골피에 형제의 열기구

인류를 처음으로 하늘 높이 날게 한 것은 날개가 아니라 공기였다. 프랑스의 몽골피에 형제Montgolfier brothers는 열기구hot air balloon를 이용하여 최초로 사람을 공중에 뜨게 하는데 성공하였다. 형인 조세프 몽골피에Josep Michel Montgolfier, 1740-1810는 프랑스의 종이 제조업자였던 피에르 몽골피에Pierre Montgolfier, 1700-1793의 16명의 자식 중 12번째로 태어났다. 동생 에띠엥Jacques Etienne Montgolfier은 15번째 아들이었다. 조세프는 모닥불의 재가 연기와 함께 위로 떠오르는 것을 보고 연기에 물건을 뜨게 하는 힘이 있다고 생각했다.

1782년 조세프는 동생 에띠엥과 함께 가로 3m, 세로 3m, 높이 6m의 박스를 만들고 종이로 위와 옆을 막은 다음 뜨거운 공기를 채워 2km를 비행하는 데 성공한다. 이 기구의 무게만도 225kg 이 나갔으며 채운 공기의 부피가 790㎥ 정도였다. 계속된 열기구 실험에 성공한 몽골피에 형제는 1783년 베르사유 궁전 정원에서 당시 프랑스 국왕인 루이 16세와 왕비 마리 앙뜨와네뜨가 보는 가운데 양, 오리, 닭을 태운 열기구의 비행에 성공한다. 비행은 약 8분간 진행되었으며 고도 460m까지 올라가 3km를 비행하고 안전하게 착륙하였다. 탑승했던 짐승들도 물론 모두 무사했다.

1783년 11월 21일에 몽골피에 형제는 파리 인근 불로뉴 숲에서 처음으로 사람을 태운 열기구의 자유비행에 성공하는데 고도 900m까지 상승하여 25분 동안 9km를 비행하였다. 비록 열기구는 고도마다 다른 바람의 방향을 이용하여 조종할 수밖에 없어 원하는 데로 이동하지는 못했지만, 공중을 날고자 하는 인류의 꿈을 최초로 실현하게 한 장치였으며 이런 면에서 몽골피에 형제는 항공역사에 길이 남을 수밖에 없는 인물이 되었다.

몽골피에 형제가 열기구로 비행한 지 열흘 뒤에는 프랑스 과학자 자크 샤를이 수소 기체를 채운 기구를 타고 약 2시간 동안 43km를 비행하는 데 성공한다. 수소는 공기보다 14배나 가벼워서 뜨겁게 데우지 않아도 하늘로 떠오를 수 있었다.

몽골피에 형제의 열기구

글라이더의 황제 릴리엔탈

오토 릴리엔탈 Otto Lilienthal, 1948-1896은 독일의 평범한 가정의 장남으로 태어났다. 릴리엔탈은 증기기관 관련 기술자였고 늘 하늘을 나는 비행을 동경하였다. 1867년부터 항공역학 관련 실험을 시작하였고 '프랑코-러시아' 전쟁 기간을 제외하고는 그의 비행에 대한 열정은 계속되었다.

Otto Lilienthal

1889년 릴리엔탈은 '항공의 기초-새의 비행 Birds flight as the Basis of Aviation'이란 책을 썼으며 1891년 첫 번째 글라이더인 Derwetzer호를 만들어 2,000회 넘는 비행을 하였다. 1893년 릴리엔탈은 Rhinow 언덕에서 글라이더를 타고 뛰어내려 250m를 비행하는 데 성공한다. 릴리엔탈은 글라이더 비행에 심취한 나머지 15m 높이의 원추형 인공 언덕을 만들었으며 바람이 어느 방향에서 불어오든지 정풍을 받고 비행할 수 있었다.

1896년 9월 맑고 청명한 가을날 릴리엔탈은 Rhinow 언덕에서 비행하고 있었다. 첫 번째 비행은 매우 순조로웠으며 250m를 비행하였다. 문제는 네 번째 비행에서 발생하였다. 릴리엔탈이 조종한 글라이더의 기수가 급격하게 낮아지면서 자세를 회복하지 못하였다. 릴리엔탈은 15m 상공에서 글라이더와 함께 추락했으며 3번 경추가 골절되는 큰 부상을 입었다.

그는 추락으로 인한 부상에서 회복하지 못하고 사망했는데 죽기 직전 동생 구스타브 릴리엔탈에게 다음의 유서를 남겼다. "Sacrifices must be made." 릴리엔탈의 비행에 대한 열정과 끊임없는 비행시도는 항공인들에게 높게 평가받고 있으며 베를린 공항도 그를 기념하기 위하여 'Otto Lilienthal Airport'로 명명하고 있다.

언덕에서 글라이더를 타고 뛰어내리는 릴리엔탈

인류 최초의 동력비행

1903년 12월 17일 라이트 형제Wilbur Wright 1867-1912, Orville Wright 1871-1948는 노스캐롤라이나North Carolina州의 키티호크Kitty Hawk 해변에서 비행을 준비하고 있었다. 이곳은 바다 쪽에서 바람이 일정하게 불어오고 글라이더가 불시착하더라도 조종자가 크게 다치지 않을 만큼 부드러운 모래사장이 넓게 펼쳐져 있어 비행에는 최적의 장소였다. 더욱이 한적한 곳이어서 구경꾼들과 기자들의 방해를 받지 않을 수 있는 장점도 있었다.

라이트 형제는 캘리포니아와 플로리다도 비행시험 예비 장소로 검토하였지만, 글라이더 제작 기지가 있는 오하이오Ohio州 데이튼Dayton으로부터는 키티호크가 가장 가까웠다.

키티호크 해변의 인류 최초 동력비행

첫 번째 비행은 동전 던지기 순서에 따라 동생 Orville 이 하는 것으로 결정되었다. 그는 열정과 피땀으로 만들어낸 Wright Flyer I 호에 올라가 엎드렸다. 형 Wilbur가 프로펠러를 힘차게 돌렸고 이내 비행기는 대서양에서 불어오는 앞바람43km/sec을 맞으면서 레일 위를 내달아 공중으로 둥실 떠올랐다. flyer호는 지상 3m 높이의 고도로 12초 동안 37m를 날고 모래사장에 안착했다.

다음은 Wilbur의 차례였다. 이번에는 53m를 날았고 다시 Orville이 61m를 날았다. 인류 최초로 공기보다 무거운 항공기의 동력비행이 성공한 것이다. 이를 지켜본 사람들은 3명의 해안경비대원과 2명의 지역주민이 전부였다.

라이트 형제는 Dayton에 계신 부친에게 비행의 성공을 알리고 언론에 제보할 것을 요청하였다. 아이러니하게도 지역 신문인 Dayton Journal은 비행시간이 너무 짧아서 중요 사건으로 다룰 수 없다고 게재를 거부하였다. 지금은 너무나 미국사람들이 소중하게 생각하는 라이트 형제의 비행 성공신화도 당시는 미국 내에서는 주목받지 못했으며 오히려 바다 건너 프랑스 파리의 Aero Club of France 멤버들이 인류 최초 동력비행 뉴스를 진지하게 주목하였다.

라이트 형제

라이트형제와 릴리엔탈의 차이점

릴리엔탈과 라이트 형제 모두 항공역사에서 큰 족적을 남긴 위대한 인물들이지만 릴리엔탈은 비행 도중 추락하여 사망하였고 라이트 형제는 지속해서 비행에 성공하여 인류 동력비행의 기반을 마련하였다. 그 차이는 무엇일까?

우선 라이트형제는 실질적인 실험을 많이 하였다. 릴리엔탈은 글라이더를 만들어 사람이 탑승하여 비행하는 데 열중하였지만, 라이트형제는 초기에는 작은 크기의 글라이더를 가지고 비행특성을 연구하였다. 자전거 수리점을 운영한 라이트 형제는 비행기 조종을 자전거를 배우는 과정과 유사하다고 생각하였다. 자전거를 처음 배울 때는 넘어지기도 하지만 일단 배우고 나면 편안하게 달리 수 있는 것처럼 비행도 감각을 익힐 때까지가 중요하다고 생각하여 모래사장에서 시험비행을 계속하였다.

라이트 형제의 초창기 글라이더

라이트 형제는 실험을 보다 정확하게 하기 위해 소형 풍동장치를 만들어 활용하였는데 현대에 항공기를 설계하고 제작할 때도 풍동장치를 이용한 실험은 필수적인 만큼 라이트 형제의 치밀함을 짐작할 수 있다. 항공기 조종분야도 릴리엔탈은 체중을 이동하여 조종할 수 있다고 생각한 반면 라이트 형제는 새처럼 날개를 뒤틀어 방향을 전환할 수 있다고 생각하고 현대 항공기와 유사한 3축 운동을 제어하는 조종 장치를 개발하였다. 아울러 글라이더의 안전성을 증가시키기 위하여 수직 날개를 생각하고 장착한 것도 라이트 형제가 처음이었다.

라이트 형제는 이렇게 비행에 열중한 나머지 둘 다 결혼하지 않고 독신으로 생을 마감하였다. 그들은 비행과 결혼했었던 것 같다.

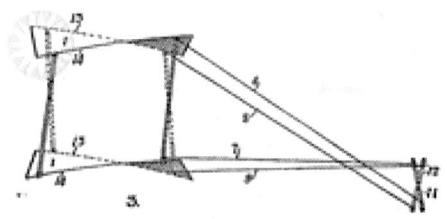

라이트 형제의 Flyer I 호의 비행조종 개념
(날개를 뒤틀어 방향을 조종)

2030년에는 몇 대의 항공기가 날아다닐까요?

라이트 형제가 1903년 12월 17일 인류 최초로 동력비행을 성공한 지 100여 년이 지난 지금 항공은 눈부시게 발전하였다. 오대양 육대주를 연결하여 문화와 경제교류가 원활하게 하는 대중 교통수단으로 변모한 것이다. 그렇다면 2030년경에는 몇 대의 항공기가 공중에서 날고 있을까? 이러한 항공 수요 예측은 항공기 제작사들이 전문이다. 우선 보잉사는 20년 뒤인 2035년에는 현재보다 두 배 이상인 45,240대의 항공기가 운항할 것으로 예측한다. 물론 전투기를 제외한 순수 민간항공운송사업용 항공기만 계산한 것이다.

《Boeing 사의 항공기 수요예측》

Airplanes in Services 2013 to 2035			Demand by size 2016 to 2035	
Size	2015	2035	New Airplane	Volume($B)
Large widebody	740	700	530	220
Medium widebody	1,640	3,690	3,470	1,250
Small widebody	2,660	6,060	5,100	1,350
Single aisle	14,870	32,280	28,140	3,000
Regional jets	2,600	2,510	2,380	110
Total	22,510	45,240	39,620	5,930

자료원 : 보잉사(http://www.boeing.com)

보잉사와 경쟁 관계에 있는 에어버스사의 예측도 크게 다르지 않다. 에어버스는 2033년 약 36,556대의 항공기가 날아다닐 것으로 예측한다. 따라서 항공분야를 전공하는 학생 또는 항공 관련 자격증을 취득하고 취업을 하고자 하는 사람이 있다면 항공분야는 앞으로 성장 가능성이 매우 큰 분야이므로 도전할 가치가 매우 크다고 권고해 주고 싶다.

episode
002

항공기

항공기의 종류에는 어떤 것들이 있나요?
국가기관 등에 포함되는 항공기란 무엇인가요? / 경량항공기는 무엇을 말하나요?
초경량비행장치는 무엇을 말하나요? / 항공기는 어떻게 등록해야 하나요?
소음이 큰 항공기는 불이익이 있나요? / 항공기를 등록할 수 없는 경우는 어떤 것인가요?
항공기에는 어떤 서류를 탑재해야 하나요? / 비행기는 어떻게 날까요?
비행기가 뒤집혀도 날 수 있나요? / 항공기에는 어떤 무선설비를 장착하고 운영하나요?
항공기에 내린 눈은 왜 치워야 하고 어떻게 치우나요?
항공기 타이어는 자동차 타이어와 다른가요?
항공기 이륙에 필요한 거리는 어떻게 계산하나요?
항공기로 밀항 가능한가? 목숨을 걸어야 / 항공기의 체공시간은?
비행 중 문을 열수 있나요? / 착륙한 뒤에 엔진 소리가 더 커지는 이유는?
비행기는 후진이 가능하다? / 비행기에 사용하는 연료의 종류와 양은?
수면비행 선박이란? / 우리나라가 비행기를 못 만드는 이유는?
초음속 비행기의 흥망 / 항공기도 많이 팔린 명품 기종이 있나요?
영화와 실제의 차이

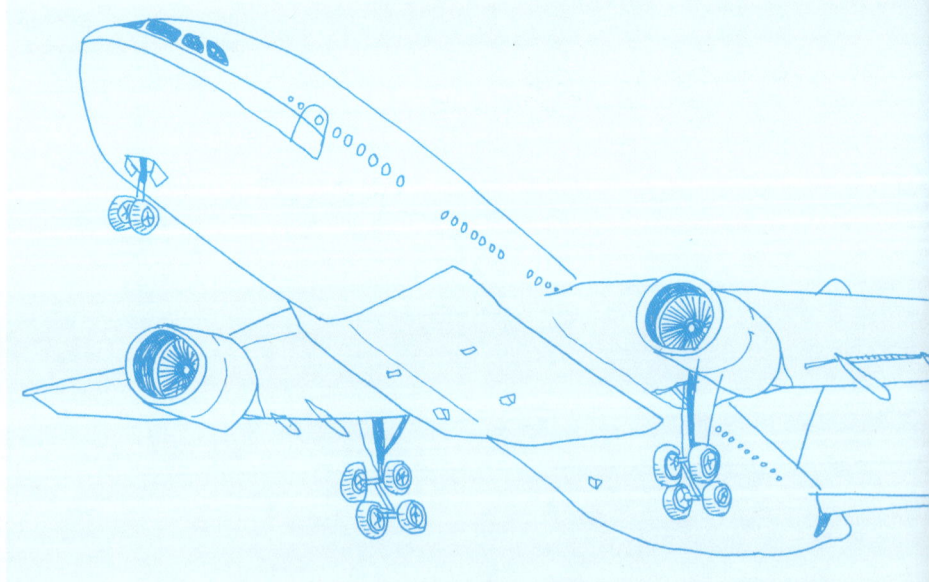

For the first time I was flying by jet propulsion.
No engine vibrations.
No torque and no lashing sound of the propeller.
Accompanied by a whistling sound, my jet shot through the air.
Later when asked what it felt like, I said,
"It felt as though angels were pushing."

- May 1943, Generalleutnant Adolf Galland, 《on his first flight in a jet, the Messerschmitt 262》

처음 제트엔진으로 비행했다.
엔진 진동이 없었다.
프로펠러의 회전 소리도 없었다.
제트기류가 공기로 발사되는 약간의 휙하는 소리뿐이다.
나중에 어떤 느낌이었느냐 질문을 받고서 대답했다.
"천사들이 밀어주는 것 같았다."

- 1943년 5월, 아돌프 갈란트 장군, 《최초의 제트비행기 메서슈미트 262를 처음 타고나서》

항공기의 종류에는 어떤 것들이 있나요?

항공기는 크게 비행기, 비행선, 활공기, 회전익항공기, 동력비행장치, 항공우주선으로 구분할 수 있다.항공법 제2조의1

비행기는 고정된 날개가 만들어내는 공기의 반작용으로 양력을 만들어 비행하는 형태로 일반적으로 많이 알려진 세스나를 연상하면 된다. 우리가 해외여행 시 주로 탑승하게 되는 보잉사 또는 에어버스사에서 만든 대형 여객기도 대부분 비행기로 분류된다.

비행선airship은 공기보다 가벼운 헬륨 또는 수소가스를 채운 공기주머니의 부력을 이용하여 하늘을 나는 형태이다. 과거에 독일에서는 힌덴부르크Hindenburg호라는 거대한 비행선을 제작하여 여객 수송용으로 사용하였는데 길이는 타이타닉호보다 길었고 100명 이상의 승객을 탑승시킬 수 있었으며 초창기 운항은 매우 성공적이어서 1936년에만 대서양을 17회나 왕복 비행하는 실적을 낸다.

힌덴부르크호는 1936년 3월 4일 미국 뉴저지써 레이크허스트 해군 비행장에 착륙하는 도중 수소가스에 불이 붙어 순식간에 폭발, 탑승객 97명 중 36명이 사망하는 사고를 끝으로 역사 속으로 사라졌다. 힌덴부르크호 사고의 원인으로 헬륨가스 대신 수소가스를 사용한 것이 지적되고 있는데 요즈음에는 헬륨가스를 채운 광고용 중소형 비행선이 실용적으로 활용되고 있다.

활공기는 동력을 이용하지 않고 자동차 또는 다른 비행기 등으로 끌어서 일정한 고도를 취한 다음 글라이딩 하여 비행하는 형태로 상승기류를 만나게 되면 장시간도 비행할 수 있는 항공기이다. 일정 고도까지 올라가는데 제약조건이 많이 있지만 가장 새처럼 비행하는 느낌이 들게 하는 항공기의 형태라고 할 수 있다.

가장 일반적 형태의 비행기
세스나(Cessna 172)

수소대신 헬륨가스를 채운
광고용 비행선(airship)

보잉사가 제작한
점보제트 항공기 B747-400

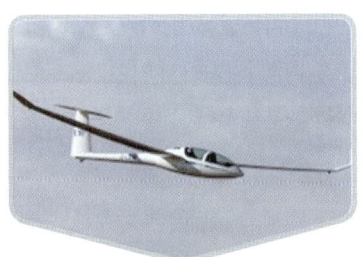
가장 새와 유사하게 비행할 수 있는
글라이더(glider)

폭발사고를 끝으로 역사 속에 사라져간
힌덴부르크 비행선(airship)

헬리콥터(Helicopter)

회전익 항공기는 흔히 헬리콥터라고 하는 형태를 말한다. 엔진의 동력을 회전날개에 전달하여 회전날개가 돌아가면서 양력과 추력을 동시에 얻는 방법을 취하고 있다. 회전날개는 한 방향으로 돌기 때문에 기체가 반대방향으로 돌려고 하는 힘이 발생작용과 반작용하게 되는데 꼬리에 작은 회전날개를 달아서 기체가 계속 돌지 않고 방향을 잡을 수 있게 하는 방법을 사용한다.

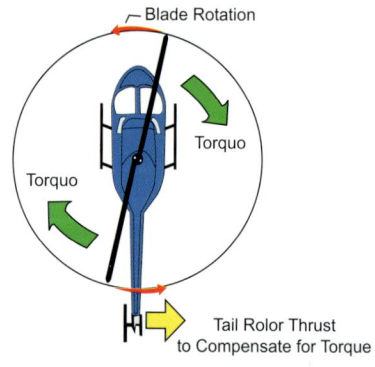

헬리콥터의 비행원리

국가기관 등에 포함되는 항공기는 무엇인가요?

「시카고협약」 제2조에는 국가 항공기는 협약의 대상이 되지 않음을 분명하게 하고 있다. 여기서 국가 항공기라 함은 군military, 경찰police 및 세관customs용 항공기를 말한다. 따라서 전투기는 군용이므로 민간 항공기처럼 등록할 필요가 없는 등 민간 항공기에 대한 규제를 받지 않는다.

국가기관등(산림청) 항공기

이러한 국가 항공기와는 달리 신분은 민간 항공기이면서 국가 기관이 소유한 항공기들이 있다. 이러한 항공기들의 안전이 문제가 되면서 특별 관리가 필요하게 되었다.

항공법항공법 제2조(정의)에서는 국가기관 등 항공기를 정의하여 소방방재청, 산림청 등에서 운영하는 구조용·산불 진화용 항공기에 대한 관리를 강화하고 있다. 과거에는 국가기관 항공기에 고정익 항공기도 있었으나 모두 매각되었고 현재는 헬리콥터들만 등록되어 운영되고 있다. 임무의 특수성 때문인지 국가기관 용도로 쓰이는 항공기는 중고기 도입이 없고 모두 신조기를 구매하여 사용하고 있다.

항공법 제2조(정의)
2. "국가기관등항공기"란 국가, 지방자치단체, 그 밖에 「공공기관의 운영에 관한법률」에 따른 공공기관으로서 대통령령으로 정하는 공공기관(이하 "국가기관등"이라 한다)이 소유하거나 임차(賃借)한 항공기로써 다음 각목의 어느 하나에 해당되는 업무를 수행하기 위하여 사용되는 항공기를 말한다. 다만 군용 경찰용, 세관용 항공기는 제외한다.
가. 재난, 재해 등으로 이한 수색(搜索) 구조
나. 산불의 진화 및 예방
다. 응급환자의 후송 등 구조·구급활동
라. 그 밖에 공공의 안녕과 질서유지를 위하여 필요한 업무

경량항공기는 무엇을 말하나요?

경량항공기는 타면조종형비행기, 체중이동형비행기 및 회전익 경량항공기 중 초경량비행장치에 해당하지 않는 것으로 최대이륙중량이 600kg 이하, 실속속도 45knot, 탑승좌석 2개 이하, 단발 왕복발동기를 장착한 소규모 항공기를 말한다.

항공법시행규칙 제13조의2 경량항공기의 기준 우리나라에 경량항공기 개념이 도입된 것은 2009년이다. 항공의 종주국인 미국에서는 경량항공기를 Light Sports Aircraft 로 분류해서 비교적 자유롭게 비행할 수 있도록 허용하였다.

기준을 살펴보면 최대이륙중량 max takeoff weight 1,320lbs, 최대속도 maximum airspeed 120knots, 실속속도 stall speed without flaps not more than 40knots 가 제한되어 있다. 우리나라에서는 항공기로 분류되기에는 몸집이 작은 형태의 항공기로 다음과 같은 여러 형태가 있다.

1. 최대이륙중량이 600킬로그램(수상비행기는 659킬로그램) 이하
2. 최대실속속도 또는 최소정상비행속도가 45노트 이하
3. 조종사 좌석을 포함한 탑승 좌석이 2개 이하
4. 단발(單發) 왕복발동기를 장착
5. 조종석은 여압(與壓)이 되지 않을 것
6. 비행 중에 프로펠러의 각도를 조절할 수 없을 것
7. 고정된 착륙장치가 있을 것 다만 수항비행에 사용하는 경우에는 고정된 착륙장치 외에 접을 수 있는 착륙장치를 장착할 수 있음

경항공기는 항공기보다 규제가 덜 하므로 조종자들의 자체 안전관리가 더욱 중요하다. 항공당국은 이를 위해 경항공기 안전교육 프로그램을 개발하였고 유튜브U-Tube에 올려놓았다. 프로그램 내용은 다음과 같다.

제1강 비행계획 승인 및 비행계획서
제2강 비행전 점검(외부점검)
제3강 비행전 점검(내부점검)
제4강 지상활주 및 이륙 전 점검 및 무선통화
제5강 이륙 및 상승점검
제6강 장주비행
제7강 실속
제8강 항공정보물
제9강 비상절차
제10강 항공기상
제11강 시계비행

초경량비행장치는 무엇을 말하나요?

초경량비행장치는 ULV(Ultra Light Vehicle) 또는 ULM(Ultra Light Machine)으로 불리며 항공기로 분류되면 여러 가지 규제가 발목을 잡게 되므로 규제에서 벗어나 자유롭게 하늘을 날고자 했던 동호인들에 의해 개발된 비행장치이다. 경량항공기보다 규모가 작은 형태로 동력비행장치의 경우 좌석 1개, 자체 중량이 115kg 이하로 소규모이어야 하지만 등록을 할 필요 없이 신고만 하면 되는 등 항공기에 부여되는 각종 규제로부터 비교적 자유롭다.

체중이동형 동력비행장치는 행글라이더에 엔진과 프로펠러를 장착하고 고정된 착륙장치를 부착한 형태이다. 이러한 형태의 비행장치는 아름다운비행(Fly Away Home, 1996)이라는 영화에서 에이미로 분한 안나 파킨(Anna Parkin)이 아빠에게 비행 기술을 배워 기러기들과 함께 비행하여 기한 내에 지정된 장소에 도착, 무분별한 지역개발을 저지한다는 스토리로 감동을 준 장면을 연출한 비행장치이다.

속도가 느린 만큼 거위들과 함께 비행한다는 스토리에 무리가 없었다. 체중이동형 비행장치는 타면조종형 비행장치보다 초창기 형태로서 2014년 7월 기준 우리나라에는 3대가 신고 되어 운영 중이다.

체중이동형 초경량비행장치

아름다운비행(Fly Away Home)에서 에이미의 체중이동형 초경량비행장치

타면조종형 비행장치는 외관은 항공기와 유사하다. 보조날개, 방향타, 승강타 등 조종 면을 사용하여 항공기와 같은 방법으로 조종하며 규모만 작을 뿐이다. 고급형은 고양력장치인 플랩flap을 장착한 기종도 있다. 현재 타면조종형 비행장치는 14대가 신고 되어 있다.

타면조종형 비행장치

인력활공기는 체중 이동 등 인력을 이용하여 조종하는 행글라이더와 패러글라이더 등을 말하며 자체 중량이 70kg 이하인 비행장치를 말한다.

몽골피에 형제의 후예들이 지금도 활동하고 있다. 기구는 공기보다 가벼운 헬륨, 수소를 채워 공중에 부양하는 기구주로 계류식 기구에 활용한다와 공기를 가열하여 가볍게 만들어 비행하는 자유기구로 대표된다.

인력활공기

기구는 자유롭게 모양과 색깔을 사용할 수 있으므로 기구 축제에는 각종 기발한 형태의 기구가 출현한다. 다만 높이마다 다른 바람 방향을 이용하는 조종밖에 할 수 없어서 원하는 지점에 정확하게 가기 어렵다는 것이 단점이다.

열기구축제
(Albuquerque International Balloon Fiesta)

회전익비행장치는 헬리콥터의 소형 형태인 초경량헬리콥터와 초경량 자이로플레인gyroplane을 말한다.

자이로플레인은 회전날개는 동력이 전달되지 않고 프로펠러의 힘으로 앞으로 나가게 되면 회전날개가 돌면서 양력을 발생시키는 원리로서 특이한 형태로 우리나라에도 과거에 몇 대가 신고되어 있었으나 현재는 운영하는 사람이 없다.

초경량 자이로플레인
(gyroplane)

동력 패러글라이더는 낙하산에 추진력을 얻는 엔진과 프로펠러를 부착한 것으로 착륙장치가 있는 것과 없는 것이 있다. 주로 레저용으로 사용되지만, 군사용으로 사용되기도 한다. 동력패러글라이더는 경무장을 한 특수전 대원이 레이더에 잡히지 않고 적진까지 침투할 수 있는 무기로 변신할 수 있다. 우리나라에는 신고된 동력 패러글라이더가 약 270대가 있다.

동력패러글라이더
(para plane)

무인비행장치 중 규모가 작은 것들은 초경량비행장치로 분류된다. 무인동력비행장치는 자체중량이 150kg 이하인 무인비행기 또는 무인회전익비행기와 자체중량 180kg 이하이고 길이가 20m 이하인 무인 비행선을 말한다.

무인비행기
(Unmanned Aerial Vehicle)

자체중량 12kg 이하인 무선 모형비행기는 초경량비행장치 범주에 포함하지 않고 장난감 수준으로 관리해 왔다. 그러나 북한 무인기가 문제가 되자 최근에는 모형비행기의 범주를 5kg 이하로 낮추는 입법 활동이 진행 중이다. 우리나라에서는 낙하산도 초경량비행장치의 범주에 속한다.

항공법시행규칙 제14조(초경량비행장치의 범위 등)
법제2조 제26호에서 국토교통부령으로 정하는 동력비행장치(動力飛行裝置), 인력활공기(人力滑空機), 기구류(氣球類) 및 무인비행장치 등이란 다음 각 호의 것을 말한다.
1. 동력비행장치 : 동력을 이용하는 것으로서 다음 각 목의 요건에 적합한 비행장치
    가. 좌석이 1개인 비행장치로서 탑승자, 연료 및 비상용 장비의 중량을 제외한 해당 장치의 자체 중량이 115 킬로그램 이하인 것
    나. 프로펠러에서 추진력을 얻는 것일 것
    다. 차륜(車輪), 스키드(skid), 후로트(float) 등 착륙장치가 장착된 고정익 비행장치일 것
2. 인력활공기 : 체중이동 등 인력을 이용하여 조종하는 행글라이더와 패러글라이더로서 탑승자 및 비상용 장비의 중량을 제외한 해당 장치의 자체중량이 70킬로그램 이하인 비행장치
3. 기구류 : 기체의 성질, 온도차 등을 이용하는 다음 각목의 비행장치
    가. 유인자유기구 또는 무인자유기구
    나. 계류식(繫留式) 기구
4. 회전익비행장치 : 제1호 가목에 따른 동력비행장치의 요건을 갖춘 것으로서 1개 이상의 회전익에서 양력(揚力)을 얻는 다음 각목의 비행장치
    가. 초경량자이로플레인
    나. 초경량헬리콥터
5. 동력패러글라이더 : 낙하산류에 추진력을 얻는 장치를 부착한 다음 각목의 어느 하나에 해당하는 비행장치
    가. 착륙장치가 없는 비행장치
    나. 착륙장치가 있는 것으로 제1호 가목의 요건을 충족하는 비행장치
6. 무인비행장치 : 사람이 탑승하지 아니하는 것으로 다음 각 목의 비행장치
    가. 무인동력비행상치 : 연료의 중량을 제외한 자체 중량이 50킬로그램 이하인 무인비행기 또는 무인회전익비행장치
    나. 무인비행선 : 연료의 중량을 제외한 자체 중량이 180킬로그램 이하이고 길이가 20미터 이하인 무인비행선
7. 낙하산류 : 항력(抗力)을 발생시켜 대기(大氣) 중을 낙하하는 사람 도는 물체의 속도를 느리게 하는 비행장치
8. 그밖에 국토교통부장관이 크기, 중량, 용도 등을 고려하여 정하여 고시하는 비행장치

항공기는 어떻게 등록해야 하나요?

항공기를 소유하거나 임차하여 사용할 수 있는 권리가 있는 소유자는 국토교통부 장관에게 등록하여야 한다. 등록된 항공기는 대한민국 국적을 취득하고 이에 따른 권리와 의무를 가진다. 외국에서 구매한 항공기를 우리나라에 등록하려면 우선 외국 등록을 말소De-registration 하여야 한다. 등록신청은 국토교통부 항공정책실항공기술과로 하면 된다. 등록을 위해서는 각종 세금을 납부하여야 하는데 취득세는 일반적으로 소유자의 주소지에 납부하는 경우가 대부분이다. 취득세는 지방세법 제12조에 따라 취득가격의 1천분의 20.1을 내야 하는데 A380 항공기의 경우 취득가격을 2천5백억 원으로 가정할 때 50억 원 정도를 납부하여야 한다현재는 과세특례가 적용되어 2천5백만 원을 납부.

등록세는 항공기의 정치장주로 이착륙하는 공항 관할 지자체에 납부하게 되는데 지방세법 제28조에 따라 취득가격의 1천분의 0.1 즉 2천5백만 원을 납부하여야 한다. 재산세는 과세표준의 1천분의 3을 적용하여 3억7천5백만 원이 계산된다. 따라서 A380을 운영하려면 현재는 세금만 4억2천5백만 원을, 특례제도가 폐지되면 54억2천5백만 원을 납부해야 한다. 따라서 항공기 정치장이 있는 지자체는 고액 세원을 확보한 것이고 어떤 지자체는 항공기 정치장을 유치하기 위하여 항공사에 러브콜을 하기도 한다.

항공법 제3조(항공기의 등록)
항공기를 소유하거나 임차하여 항공기를 사용할 수 있는 권리가 있는 자(이하 '소유자등'이라 한다)는 항공기를 국토교통부장관에게 등록하여야 한다. 다만 대통령령으로 정하는 항공기는 그러하지 아니하다.
항공법 제4조(국적의 취득)
제3조에 따라 등록된 항공기는 대한민국 국적을 취득하고 이에 따른 권리 의무를 갖는다.
항공법시행령 제12조(등록을 필요로 하지 아니하는 항공기의 범위)
1. 군 또는 세관에서 사용하거나 경찰업무에 사용하는 항공기
2. 외국에 임대할 목적으로 도입한 항공기로서 외국 국적을 취득한 항공기
3. 국내에서 제작한 항공기로서 제작자 외의 소유자가 결정되지 아니한 항공기
4. 외국에 등록된 항공기를 임차하여 법제2조의2에 다라 운영하는 경우 그 항공기

소음이 큰 항공기는 불이익이 있나요?

하늘은 나는 멋진 비행기를 보면 기분이 좋아진다. 항공기와 관련된 기억은 대부분 좋은 것이 많다. 그러나 공항 인근에 거주하는 주민의 관점에서 보면 항공기 운항이 낭만적이고 달갑지만 하지 않다. 제트 항공기에서 뿜어 나오는 엄청난 소음 때문이다.

대한민국 항공법 항공법시행규칙 제27조 소음기준적합증명대상항공기에는 터빈 발동기를 장착한 항공기와 국제선을 운항하는 항공기는 소음기준적합증명을 받게 되어 있다. 소음 기준 적합증명 기준은 국제민간항공협약 부속서 16에 구체적으로 나와 있다. 국내 기준은 항공법 제16조, 항공법시행규칙 제27조 또는 30조이다. 소음등급에 따라 착륙료의 30% 1~3등급부터 15% 6등급까지 소음 부담금을 내게 되어있다. 이렇게 거두어진 소음 부담금은 공항 인근 소음대책에 사용된다.

현대적인 항공기는 제작 단계부터 소음에 대한 신경을 많이 쓰기 때문에 대부분 소음 기준 적합증명에 문제가 없다. 그러나 초창기 항공기는 소음이 큰 엔진 때문에 불이익이 많았다. 이러한 불이익을 최소화하기 위해 엔진 배기가스 배출 부분에 Hush kit이라는 소음기를 장착하는 것이 유행하기도 했다. 현대에는 항공기 소음이 공항 인근 인구 밀집 지역에 미치는 영향을 최소화하기 위해 운항절차를 변경하는 경우가 많은데 이를 Noise abatement procedures이라고 한다. 우리나라의 항공기소음 기준 적합증명 절차규정 Standards for Aircraft Noise Certificate은 항공기기술기준 Korea Aviation Standards 파트 36을 적용한다.

항공기를 등록할 수 없는 경우는 어떤 것인가요?

국제민간항공협약 제18조는 항공기의 이중국적을 금지하고 있다. 우리나라에 항공기를 등록하기 위해서는 항공기의 소유자가 우리나라 국적을 가지고 있어야 한다. 외국인, 외국 정부, 외국의 공공단체, 법인 등이 소유한 항공기는 우리나라에 등록할 수 없는 결격사유가 되는 것이다. 요즈음은 외국과의 합작이 많고 외국 자본의 국내투자를 장려하므로 이 등록 요건이 문제가 될 소지도 있다.

항공법에는 외국인이 소유한 자본이 2분의 1 이상이거나 그 사업의 실질적 지배effective control 하는 경우를 등록할 수 없는 요건으로 규정하고 있다. 이러한 조항은 국내 항공 산업을 보호하고 우리나라의 항공주권 보장 및 국가안보 강화 목적으로 설정된 것이다.

미국도 항공기 지분의 25% 이상을 외국인이 소유하지 못하도록 규정하고 있다. 따라서 항공기에 대하여 외국인이 49% 이하의 지분을 투자하고 실질적으로 사업을 지배하지 않는 구도라면 대한민국에 등록함에 문제가 되지 않는다. 또한, 외국인이 소유한 항공기라 하더라도 대한민국 국민 또는 법인이 임차Lease 하면 등록이 가능하다항공법 제6조(항공기 등록의 제한).

국적 항공사가 보유한 여객 수송용 항공기 대부분이 임차기이며 실소유는 항공기 리스 전문회사이다. 항공기의 소유권은 리스회사에 있지만, 우리 항공사의 소유로 간주하여 우리나라에 등록할 수 있도록 하는 제도이다.

항공기가 우리나라에 최초로 인도되는 경우 신규 등록을 하여야 한다. 항공기의 소유권이 이전되는 경우에는 이전등록을 하여야 하며 정치장 등이 바뀔 경우에는 변경 등록, 항공기가 해외로 매각되거나 전파 또는 해체되는 경우에는 말소등록을 하여야 한다.

항공법 제6조(항공기 등록의 제한) ① 다음 각 호의 어느 하나에 해당하는 자가 소유하거나 임차하는 항공기는 등록할 수 없다. 다만 대한민국의 국민 또는 법인이 임차하거나 그 밖에 항공기를 사용할 수 있는 권리를 가진 자가 임차한 항공기는 그러하지 아니하다.
1. 대한민국 국민이 아닌 사람
2. 외국정부 또는 외국의 공공단체
3. 외국법인 또는 단체
4. 제1호부터 제3호까지 어느 하나에 해당하는 자가 주식이나 자본의 2분의1 이상을 소유하거나 그 사업을 사실상 지배하는 법인
5. 외국인이 법인 등기부상의 대표자이거나 외국인이 법인등기부상 임원수의 2분의 1 이상을 차지하는 법인
② 외국 국적을 가진 항공기는 등록할 수 없다.

항공기에는 어떤 서류를 탑재해야 하나요?

항공기의 운항을 위해서는 기본적으로 탑재하여야 하는 서류가 있다. 이러한 서류가 탑재되지 않은 경우에는 해당 당국에 의해 비행이 취소되는 경우도 있으니 유념하여야 한다.

우리 항공법령 항공법시행규칙 제139조에는 다음과 같은 서류를 탑재하도록 규정되어 있다.

1. 항공기 등록증명서(Registration Certificate)
2. 감항증명서(Airworthiness Certificate)
3. 탑재용 항공일지(Airplane Log)
4. 운용한계지정서 및 비행 교범(Aircraft Operating Limitations)
5. 운항규정(Operations Manual)
6. 항공운송사업의 운항증명서 사본(Air Operator Certificate)
7. 소음기준적합증명서(Noise Certification)
8. 각 운항승무원의 유효한 자격증명서 및 조종사의 비행기록에 관한 자료 (Pilots Certificates)
9. 무선국 허가증명서(Radio Station License)
10. 탑승한 여객의 성명, 탑승자 및 목적지가 표시된 명부(Passenger manifest)
11. 해당 항공운송사업자가 발행하는 수송화물의 화물목록(Cargo manifest)
12. 비행 전 및 각 비행 단계에서 운항승무원이 사용해야 할 점검표

다른 나라의 항공기 탑재서류 관련 규정도 대동소이하다. 항공기가 타국에 착륙하였을 때 해당 국가의 항공당국에서 안전 감독관이 항공기에 올라와 처음으로 확인하는 것이 탑재서류의 적정성이다. 탑재서류의 유효기간이 지났거나 승무원 자격증명 미소지는 단골로 지적되는 사항이다.

美연방항공청(FAA)이 발행한 항공기 감항증명서

비행기는 어떻게 날까요?

점보여객기는 무게가 400ton이 넘는다. 이러한 육중한 금속제 비행기가 하늘을 나는 것이 쉽게 이해되지 않기도 한다. 비행기가 하늘을 날 수 있는 원리를 알아보자. 비행기에는 형태는 다르지만, 날개가 장착되어 있다. 비행기는 날개에서 하늘에 떠 있을 수 있게 하는 힘 즉 양력lift을 만들어 낸다.

일반적인 날개는 그림과 같이 위쪽이 불룩한 형태로 만들어지며 날개 앞에서 나누어진 공기가 날개 위쪽은 빨리 지나가고 아래쪽은 천천히 지나가게 되어 압력 차이가 발생한다.

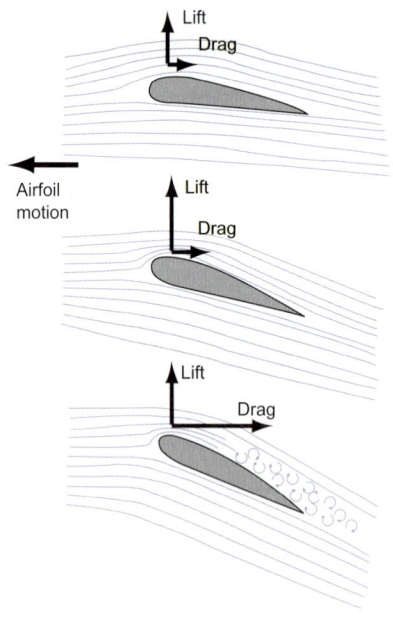

날개와 양력 (Airfoil & Lift)

날개 위쪽은 압력이 낮고 아래쪽은 압력이 높으니 날개는 자연히 위쪽으로 움직이게 된다. 이렇게 위쪽으로 움직이는 힘을 양력이라 한다. 이러한 양력은 비행기의 무게weight와 균형을 이루게 되며, 공기의 속도가 빨라질수록 양력이 커져 비행기는 자기 무게를 이기고 공중 높이 올라갈 수 있게 되는 것이다. 또 한 가지 고려할 사항은 비행기가 공중에서 움직이게 되면 저항이 발생하게 된다. 이러한 저항을 일반적으로 항력drag라고 한다. 프로펠러나 제트엔진은 공기를 뒤쪽으로 밀어젖혀 항공기를 앞으로 나가게 한다. 이러한 힘을 추력thrust 이라고 한다. 항력보다 추력이 크게 되면 항공기는 앞으로 나가게 된다.

이렇게 양력, 중력, 추력, 항력을 비행기에 걸리는 4가지 힘이라고 부르며 네 가지 힘이 균형을 가지게 될 때 항공기는 공중에서 일정 속도로 비행할 수 있는 상태가 되는 것이다.

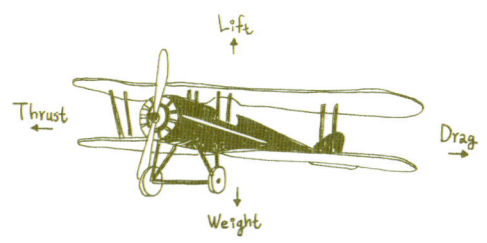

항공기에 걸리는 4가지 힘

비행기가 뒤집혀도 날 수 있나요?

항공기 조종사가 지상을 바라보며 수평비행을 하는 것을 배면비행inverted flight이라고 한다. 항공기는 날개airfoil 표면의 공기 흐름의 속도와 이에 따른 압력 차에 따라 하늘을 날 수 있는 양력이 발생한다고 설명한 바 있다.

배면비행을 하게 되면 이 양력이 지상으로 향하게 되기 때문에 하늘로 나는 힘이 아니라 지상으로 떨어지는 힘으로 작용하게 된다. 따라서 조종사는 이러한 힘을 이기기 위하여 조종간을 앞으로 밀어주어야 한다. 배면비행을 하게 되면 조종사의 조종은 모두 반대로 작용한다고 보면 된다. 따라서 숙련된 조종사가 아닌 경우 배면비행은 매우 위험하다.

실제로 에어쇼 등에서 배면비행은 잠깐잠깐 보여준다. 조종사의 조종 어려움도 문제이지만 엔진으로 연료를 공급해주는 연료펌프 입구가 일반적으로 연료탱크의 아래쪽에 위치하기 때문에 배면비행 자세에서는 공기 중에 노출될 수 있다.

곡예비행용 항공기는 이러한 문제를 해결하기 위하여 연료펌프 입구에 작은 격벽을 만들어 짧은 시간 동안에는 뒤집혀 비행하여도 연료가 공급되도록 설계되어 있다. 배면비행을 자주 하는 곡예용 항공기나 전투기는 날개의 위·아랫면이 대칭형인 형태의 날개를 장착하여 배면비행 시 조종사의 조종이 쉽도록 설계되어 있다.

여기서 위·아래가 대칭인 날개가 어떻게 양력을 발생시킬 수 있나 하는 의문이 생길 수 있다. 위와 아래가 대칭인 날개의 경우 날개 장착 각도가 진행표면보다 경사져 있으면 양력이 발생한다. 이러한 각도를 받음각angle of attack 이라고 한다. 받음각으로 양력을 얻는 형태의 항공기는 일반적으로 엔진 추력이 높은, 고성능이고 기동성이 중요시 되는 항공기라고 보면 된다.

정상비행과 배면비행 항공기의 교차
- 美 海軍 Blue Angels 곡예비행팀(F-18)

항공기에는 어떤 무선설비를 장착하고 운영하나요?

항공기와 관제기관과의 교신은 항공기 운항에 필수적인 요소이다. 조종사는 비행하는 도중 늘 관제기관과 무선설비를 이용하여 음성 통신을 하고 있다. 항공기가 관제기관과 가까운 거리에서 비행하는 경우에는 초단파 또는 극초단파를 이용하는 단거리이동통신을 사용한다.

민간항공기는 초단파VHF; Very High Frequency를 주로 사용하는데 118.0MHz-136.975MHz 주파수 대역을 사용한다. 관제기관별로 사용하는 주파수가 정해져 있어 조종사는 관제기관이 이양될 때마다 해당하는 주파수를 맞추어야 한다. 군용 항공기는 극초단파UHF; Ultimate High Frequency를 사용하며 225MHz-400MHz 대역이 사용된다.

항공기가 관제기관과 멀리 떨어져 순항할 때 즉 태평양 중간을 비행할 때에는 초단파 또는 극초단파는 항공기에 도달할 수 없다. 이 경우에는 단파HF; High Frequency를 사용하는 통신을 하게 되며 2.8MHz-22MHz 대역이 사용된다. 단파통신은 도달 거리는 멀지만 잡음이 많은 단점이 있다.

항공기는 비행하는 동안 관제기관의 레이더에 의해 위치가 추적된다. 항공기에 최신 Mode S 송수신기Transponder를 탑재하면 레이더 상에 해당 항공기의 고도와 속도도 표시된다. 과거에는 조종사와 관제사 간에 음성통신이 주로 사용되었는데 앞으로는 정확하고 더욱 많은 양의 정보를 실시간으로 교환하기 위해 데이터 통신 활용이 확대될 예정이다.

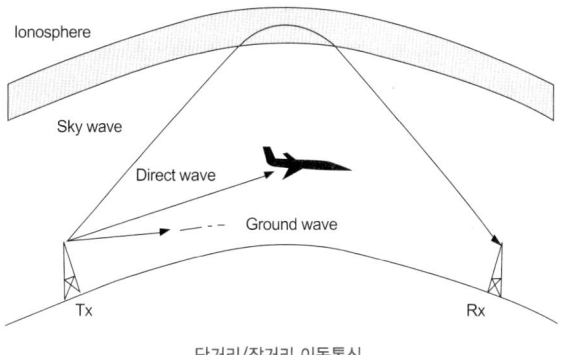

단거리/장거리 이동통신

항공기에 내린 눈은 왜 치워야 하고 어떻게 치우나요?

겨울철에 공항에 눈이 내리게 되면 항공기가 지연운항 하는 경우가 종종 발생한다. 활주로와 유도로에 쌓인 눈도 치워야 하지만 항공기 자체에 내린 눈도 치워야 하기 때문이다. 날개 위에 내린 눈을 치우지 않을 경우 날개에서 발생하는 양력에도 문제가 생길 뿐만 아니라 조종 면도 원활하게 작동하지 않게 되어 사고로 이어질 수 있기 때문이다. 항공기에 쌓인 눈을 치우는 것을 제빙 De-icing : removal of snow, ice or frost 이라고 하고 아예 눈 또는 얼음이 달라붙지 않도록 하는 것을 방빙 Anti-icing : prevention of ice or frost 이라고 한다.

우선 제빙부터 살펴보면 지상 조업 회사에서 항공기가 이륙하기 전에 제빙 액을 동체 또는 날개에 살포하여 눈이 달라붙지 않게 한다. 제빙 액의 지속시간은 한정되어 있으므로 이륙대기 시간이 길어지는 경우 다시 주기장으로 돌아와 제빙하는 경우도 발생한다. 제빙은 정해진 장소에서 실시하고 사용된 제빙 액을 거둬들인 다음에 적절하게 처리하여 환경에 악영향을 주지 않도록 하여야 한다.

방빙은 여러 가지 방법이 있다. 과거 프로펠러 비행기들은 비행 중 주로 결빙하기 쉬운 주 날개의 앞, 꼬리날개 등에 고무판을 덧대고 공기를 불어넣었다 뺐다 하는 방법을 사용하는 De-icing 방법을 사용하였다.

이 방법의 단점은 boot는 고무제품으로 2-3년에 한 번씩 교환해야 하고 관리를 소홀하게 해서 구멍이라도 나게 되면 성능이 현저하게 떨어진다는 점이다.

제트엔진을 사용하는 시대가 되면서 엔진의 압축기에서 고온 고압의 공기를 일부 빼내어 날개 앞 등에 보내 icing을 방지하는 방법을 사용한다. 일부 항공기의 경우 고온·고압의 공기 대신 전기를 사용하여 방빙을 하기도 한다.

De-Icing 장면

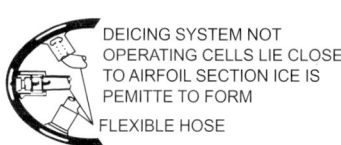

DEICING SYSTEM NOT OPERATING CELLS LIE CLOSE TO AIRFOIL SECTION ICE IS PEMITTE TO FORM
FLEXIBLE HOSE

AFTER DEICER SYSTEM HAS BEEN PUT INTO OPERATION. CENTER CELL INFLATES. CRACKING ICE

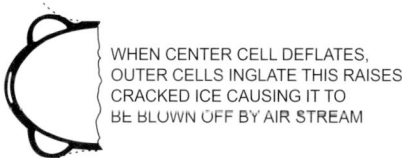

WHEN CENTER CELL DEFLATES, OUTER CELLS INGLATE THIS RAISES CRACKED ICE CAUSING IT TO BE BLOWN OFF BY AIR STREAM

De-icing Boot

항공기 타이어는 자동차 타이어와 다른가요?

　타이어는 무거운 항공기가 고속으로 활주로에 접지할 때 걸리는 하중을 견뎌야 하므로 고성능으로 만들어야 안전한 이착륙과 활주로에서의 이동이 가능하다. 우선 자동차 타이어는 공기압력을 32-38PSI 정도로 주입하는 데 비해 항공기 타이어는 약 200PSI 정도를 주입하여야 한다. 이렇게 높은 압력을 유지하기 때문에 항공기 타이어가 터질 경우에는 폭발이 일어나고 동체가 손상되는 등 위험한 상황이 초래되기도 한다.

　항공기 타이어 폭발로 발생하는 사고를 방지하기 위하여 공기 대신에 질소 가스를 주입한다. 질소 가스는 불활성 기체로 폭발에 비교적 안전하다. 항공기 타이어가 자동차 타이어와 다른 하나는 퓨즈가 장착되어 있다는 것이다. 항공기가 착륙할 때 엄청난 운동에너지를 브레이크에서 흡수하여 열에너지 형태로 변경한다. 조종사가 브레이크를 사용하면 브레이크는 에너지가 변환된 열에 의해 달아오른다.

　항공기 타이어는 브레이크와 인접해 있어서 이 엄청난 열이 타이어에 전달되어 폭발을 일으킬 수 있다. 항공기 타이어에 장착된 퓨즈 내부에 있는 납은 일정 온도에 녹아내리게 설계되어 고온에서는 내부의 질소가스가 빠져나가게 된다. 일부 항공기는 브레이크 과열에 의한 문제를 해결하기 위하여 냉각팬을 장착하는 경우도 있다.

　항공기 타이어는 적은 크기에 많은 하중을 감당해야 하므로 고무판을 여러 겹으로 감싸서 만들게 되므로 자동차 타이어와 같이 자동화를 통한 대량생산이 불가능하고 수작업으로 만들어야 한다. 항공기 타이어는 충격과 마모에 견디어야 하므로 B737, A320 같은 단거리용 항공기는 한 달 정도 타이어를 사용하면 마모되어 교체하여야 할 정도이다.

항공기 타이어

항공기 이륙에 필요한 거리는 어떻게 계산하나요?

    항공기가 안전하게 이륙하기 위해서는 이륙거리를 정확하게 계산하여야 한다. 항공기가 이륙을 위하여 속도를 높일 때 가장 중한 것이 이륙결심속도인 V1 속도이다. V1속도 이전에 엔진 이상 등이 발생하면 조종사는 이륙을 포기하여야 한다. 물론 이 경우 활주로 내에 충분하게 정지할 수 있어야 한다. V1속도가 넘어가게 되면 조종사는 무조건 이륙을 하여야 하며 일정 고도_{활주로 말단기준 35ft} 이상으로 올라간 다음 다시 착륙을 시도하여야 한다.

    항공기 이륙에 필요한 거리는 항공기 제작사에서 해당 항공기의 형식증명을 감항당국에 요청할 때 각종 시험비행 자료를 근거로 제시하여 인가를 받는다. 이륙거리에 영향을 미치는 요소는 항공기 이륙중량, 온도, 바람 등이다. 이륙거리는 그래프의 형태로 표시되며 조종사는 이륙거리를 정확하게 계산한 후 출발을 결정하여야 한다. 일부 화물기의 경우 과적하여 활주로 말단까지 달려가서 겨우 이륙하는 경우가 있는데 이러한 운항은 매우 위험한 경우이다.

    여름에는 온도가 높아 공기의 밀도가 낮게 되고 이륙거리가 길어지게 된다. 히말라야 인근 공항처럼 고도가 높은 지역에 설치된 공항도 공기 밀도가 낮아 이륙거리가 길어지므로 유념할 필요가 있다.

B777 항공기 이륙(Take-off) 장면

항공기로 밀항이 가능한가? 목숨을 걸어야

항공기로 밀항이 가능할까? 정답은 '가능하다'이다.

밀항을 시도하는 사람들은 주로 항공기 바퀴다리Landing Gear가 접혀 들어가는 공간Wheel Well에 숨는다. 보통 항공기가 순항고도에 이르면 공기 밀도가 낮아져 산소가 부족하게 되고 대기 온도도 -50℃ 가까이 떨어져 생존이 어렵게 되지만 간혹 생존하여 도착 공항에서 발견되는 경우도 있다. 비행구간이 짧은 경우 고도를 많이 높이지 않고 이륙 과정에서 항공기 바퀴가 어느 정도 달구어져 보온재 역할을 하기 때문이다.

그러나 목숨을 잃는 경우가 대부분이다. 2014년 2월 15일 미국 워싱턴 D.C.의 덜레스국제공항Dulles International Airport에 도착한 사우스아프리카항공South African Airways SA207편의 Airbus A340 항공기 바퀴다리실에서 신원미상의 남자 시체가 발견된 바 있는 데 동 항공기는 남아공 요하네스버그에서 출발, 세네갈 다카르를 거쳐 미국까지 장거리를 비행하였다. 이 남자의 밀항 실패 요인은 너무 먼 거리를 비행하는 비행편을 선택한 것이 아닐까 싶다.

Aircraft Landing Gear

항공기의 체공시간은?

항공기의 체공시간은 항공사의 취항 노선 설계에 있어 매우 중요하다. 대한민국 대부분의 저비용 항공사가 운영하는 B737, A320 등의 항공기는 항속거리가 일반적으로 최대 6시간 이내이다. 따라서 인천공항을 이륙하여 태국 방콕까지는 비행할 수 있지만, 싱가포르까지는 무리가 따른다. 저비용 항공사들이 동남아 이외의 장거리 비행노선을 개척할 수 없는 요인은 항속거리의 제한 때문이다.

대형 항공기들은 14시간 이상의 비행을 너끈하게 소화한다. 항공사가 운항하고 싶은 일부 구간은 아주 먼 구간도 있으며 이러한 구간을 비행하기 위해서는 특별하게 체공을 오래 할 수 있는 항공기가 필요하게 되었다. 이러한 체공시간을 늘리는 방법도 항공기 제작사에 따라 다르다.

보잉사의 경우 초장거리 구간 비행을 위해 B747 점보기의 동체를 짧게 만든 B747-SP를 만들었다. B747-SP는 날개의 크기와 연료탱크의 크기는 같지만 동체가 짧아 무게가 가벼우며 탑승객도 적게 태울 수밖에 없어 최대 6,650마일까지 비행할 수 있었다. 이는 B747-100 항공기가 5,000마일밖에 비행할 수 없었던 것에 비해 괄목할 만한 증가였다.

이에 반해 에어버스사는 엔진을 4개 탑재한 A340 시리즈 항공기를 장거리 구간에 투입하는 항공기 형태로 개발하였다. A340-500 항공기의 경우 최대 9,000마일까지 비행이 가능하여 현존하는 가장 장시간 비행 항공기로 등극하였다.

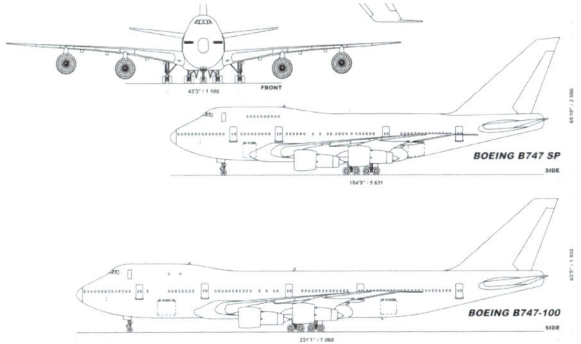

Boeing B747SP vs B747-100

A340-500

비행 중 문을 열 수 있나요?

"Can you open an airplane door during flight?"

외국 항공사에 탑승한 한 승객이 지상에서 이동 중인 항공기의 문을 열어 문제가 된 적이 있다. 우리나라 국적 A 항공사도 신혼여행을 가기 위해 탑승한 신부가 덥다고 하자 신랑이 과감(?)하게 항공기 출입문을 열어 비상 탈출 슬라이드가 터진 사건도 있었다. 비행 중에도 이러한 일이 가능할까?

정답은 실제로는 그런 일은 일어날 수가 없다는 것이다. 항공기는 이륙 후 고도가 올라감에 따라 외부 대기압은 3백 미터 상승할 때마다 약 3%씩 떨어지게 된다. 약 3천 미터 상공이 되면 승객들은 산소 부족으로 호흡이 곤란해지고 곧 의식을 잃게 된다. 하지만 항공기가 순항고도cruising altitude인 1만 미터 이상까지 올라가도 승객들이 편안하게 여행할 수 있는 것은 객실 내부를 지상과 유사한 기압으로 유지해 주는 여압餘壓, pressurization 시스템을 갖추고 있기 때문이다.

이렇게 지상과 큰 차이가 없는 기압을 유지하고 있는 항공기 내부와 고도 상승에 따라 기압이 낮아진 항공기 외부 대기와의 기압 차이로 1만2천 미터 순항고도에서 항공기 표면의 단위면적1제곱인치당 가해지는 압력은 약 4.5kg에 달한다. 이는 항공기 출입문에 약 14톤의 힘이 내부에서 외부로 가해지고 있는 것을 말하며 항공기 출입문은 안전을 위하여 일단 안으로 끌어당긴 다음에 밖으로 밀어서 여는 구조로 14톤의 힘을 이기고 문을 안으로 당길 수 있는 사람은 없다. 따라서 비행 중 출입문이 열려 밖으로 빨려 나가는 무서운 상상은 하지 않아도 된다.

sky diving에 사용되는 항공기는 일반적으로 여압을 필요로 하는 고도까지 올라가지 않으므로 쉽게 문을 열고 뛰어내릴 수 있는 것이다.

Airbus A319 Entry Door

착륙한 뒤에 엔진 소리가 더 커지는 이유는?

　항공기는 착륙한 뒤에 속도를 감속해서 정지해야 한다. 만약에 속도처리가 안 되면 활주로를 벗어나고 사고로 이어지게 된다.
　속도를 감소하는 방법은 여러 가지가 있는데 우선 브레이크를 생각할 수 있다. 항공기 브레이크는 성능이 매우 우수하지만, 브레이크만 가지고는 빠른 속도를 가진 무거운 기체B747의 경우 약 400ton를 짧은 거리에 정지시키기에는 한계가 있다. 이때 추가로 사용하는 방법이 날개 위에 있는 Ground Spoiler라는 패널을 들어 올려 날개에 있는 저항을 크게 하는 방법이 있다. Ground Spoiler를 공중에서 사용하게 되면 항공기 속도를 현저하게 감속시키는데 이때에는 같은 장치를 Speed Brake라고 부른다. 관제사가 항공기간 간격분리를 위해 속도를 지시하는 경우 조종사들은 엔진 추력과 Speed Brake를 적절하게 사용하여 속도와 고도를 맞추게 된다.
　지상에서 항공기를 감속시키는 또 다른 한 가지 방법은 엔진의 추력을 반대쪽 즉 앞쪽으로 보내는 방법이 있는데 이를 역추진Reverse Thrust이라고 한다. 프로펠러 비행기들은 프로펠러 피치를 변경하여 추력을 앞으로 나가게 하는 방법을 사용했는데 이는 프로펠러에 피치 변경 장치가 설치된 고성능 항공기들만 가능 했다세스나 같은 비행기들은 고정 피치 프로펠러가 장착되어 역추진할 수 없다.
　제트 시대에는 뒤로 향하는 엔진 배출가스를 앞쪽으로 향하게 하는 역추진 장치Thrust Reverser가 엔진 중간에 설치되어 사용되기 시작했다.
　아래 유튜브 동영상을 보면 Eva Air 소속 B747-400 항공기가 활주로에 정지한 다음 엔진 중간부가 열리면서 소리가 커지고 역추진이 일어나는 것을 볼 수 있다. 항공기가 활주로에 접지하면 역추진 장치를 사용할 수 있는 조건이 충족되고 이때 조종사가 역추진 레버를 당기면 역추진 장치가 작동되어 배출가스의 방향이 바뀌고 엔진의 출력을 높이면 항공기는 짧은 거리에서 멈춰 서게 되는 것이다.

Boeing 747-400
Amazing Landing and Reverse Thrust Spray Eva Air
http://www.youtube.com/watch?v=VrETuZeahbg

비행기는 후진이 가능하다?

정답은 '가능하다'이다. 우선 여객기부터 알아보자.

여객기는 출발하기 전에 승객 탑승을 위해 여객 터미널 쪽으로 접해 있어 탑승교가 출입구와 연결되어 있게 된다. 승객 탑승이 완료되면 탑승교를 항공기로부터 분리하고 항공기를 터미널로부터 밀어내야 한다.

즉 후진이 필요하게 된다. 대부분의 경우 이 상태에서는 엔진의 시동을 걸지 않고 「Towing Car」라는 장비로 밀어내어 유도로까지 밀어내고 엔진의 시동을 건 다음 자력으로 출발하는 것이 평범한 운항이다. 공항으로부터 「Towing Car」지원을 받을 수 없는 상황인 경우에는 역추진장치Thrust Reverser를 사용하여 후진하기도 한다.

이제 항공기도 후진이 가능함을 알 수 있을 것이다. 평시에 역추진장치를 사용하지 않고 「Towing Car」를 사용하는 이유는 터미널 인근 주기장에는 항공기 정비작업이 이루어지는 장소로서 여러 가지 이물질이 떨어져 있을 수 있으며 역추진 장치를 사용하면 공기의 요란이 일어나 엔진 입구에 이러한 이물질이 빨려 들어가 엔진에 손상을 가져올 가능성이 크기 때문이다.

제트시대 이전의 프로펠러 비행기들은 프로펠러 피치를 조정하여 후진할 수 있음은 설명한 바와 같다. 헬리콥터는 후진이 가능할까? 정답은 '가능하다'이다. 헬리콥터는 회전날개Rotor Blade의 회전표면을 기울여 어떠한 방향으로든 비행이 가능하므로 후진할 수 있음은 물론이다.

Aircraft Push-back by Towing Car

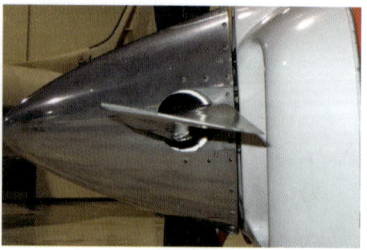

Variable Pitch Propeller

비행기에 사용하는 연료의 종류와 양은?

　세스나 같은 소형비행기는 자동차와 같은 형태의 왕복기관을 동력장치로 사용한다. 그러나 자동차용 휘발유를 항공기 엔진에 사용해서는 안 된다. 항공기는 지상에서 운영되지 않고 공기 밀도가 낮고 온도도 낮은 공중에서 비행하므로 옥탄가가 높은 항공기 전용유류인 항공유를 사용하여야 한다. 항공유를 AV-Gas라고 부르며 우리나라에서는 소요가 많지 않아 정유회사에서 정제하지 않고 수입에 의존하므로 가격이 비싸다.

　제트항공기에 사용하는 연료는 휘발유보다 인화점이 낮은 석유 계열로 물론 단가도 휘발유보다 싸다. 민간항공기에는 Jet A-1이 주로 사용되며 전투기에는 JP-4가 사용된다. 민간항공기는 장거리를 비행하여야 하므로 많은 양의 연료를 탑재하여야 한다. 태평양을 횡단하는 Boeing 747 점보 여객기의 경우 드럼통-55 갤런으로 약 100개 이상 분량의 연료를 실어야 한다.

　항공기 연료는 어디에 채울까? 여객기의 연료탱크는 대부분 날개 속에 위치한다. 그 이유는 날개는 양력을 발생하므로 연료를 채우게 되면 연료 무게와 양력이 밸런스를 이루게 되어 날개에 걸리는 힘을 완화해 주는 효과가 있다. 또한, 항공기 동체에는 사람이 타거나 화물을 실어야 하므로 날개 속의 불필요한 공간을 활용하는 일거양득의 효과가 있는 것이다.

수면비행 선박이란?

수면비행 선박을 위그선Wig ship이라고 한다. WIG는 Wing-in-ground effect를 의미하며 이러한 선박은 수면 위의 1-2m 높이로 떠서 시속 180-250km의 속도로 운항하는데 수면효과 때문에 효율이 높아 선박보다는 빠르고 항공기보다는 연료가 작게 드는 장점이 있다.

얼핏 보면 장점만 있는 듯이 보이지만 문제점도 많다. 우선 수면 위를 낮게 떠서 고속으로 비행하므로 돌풍을 만나거나 어선 등 장애물을 만나게 되면 회피하는 과정에 수면과 접촉할 가능성이 크다. 이 경우 위그선은 대파될 수 있다. 물은 비압축성 물질이기 때문에 고속으로 접촉할 경우 지상에 추락할 때보다 파손이 더 크게 되는 경우이다. 다이빙할 때 배로 떨어지게 되면 엄청나게 아픈 것을 생각해 보면 그 원리를 알 수 있다.

실제로 냉전 시대에 구소련에서는 군사 목적으로 대형 위그선을 만들어 실험하였다. 미국 첩보기관에서도 레이더에 잡히지 않으면서 물 위를 빠르게 비행하는 물체에 대하여 긴장감을 가지고 관찰하였지만 계속된 사고로 위그선의 군사 무기화는 성사되지 아니하였다. 우리나라에서도 해양수산부에서 위그선을 바다의 KTX라고 홍보하면서 울릉도, 흑산도 등 섬 지역 등에 여객을 수송하기 위한 용도로 위그선 개발을 추진하였으나, 역시 추락사고로 인명 손상이 발생하자 위그선 프로젝트 자체를 중단하였다.

그렇다면 위그선은 배일까 항공기일까? 항공기를 관장하는 국제민간항공기구ICAO와 선박을 관장하는 국제해사기구IMO : International Maritime Organization는 수면 15m 이하로 운항하는 위그선은 선박으로, 15m 이상 상공 비행하는 것은 항공기로 분류하기로 합의하여 운영하고 있다. 따라서 위그선은 항공기가 아니라 선박이다.

Wig Ship

우리나라가 비행기를 못 만드는 이유는?

우리나라는 자동차는 물론 전자제품도 세계 1위 제품을 만들어서 수출하고 있다. 더욱이 선박 건조능력은 수년간 세계 1위 자리를 내어놓지 않고 있다. 그런데 왜 항공기는 못 만드는 것일까?

전 세계 항공기 제작 시장은 미국 보잉사와 유럽의 에어버스사가 양분하고 있다. 과거에는 맥도넬더글라스사가 있었으나 이마저 보잉사에 합병되어 양강 체계가 지속되고 있다. 물론 100인승 이하 항공기는 캐나다의 봄바르디사와 브라질의 엠브레어사도 제작하고 있지만, 전체적인 매출량 부분에서는 비교할 수 없을 정도로 미미하다. 최근에는 중국이 자국 내에서 소비할 목적으로 중형항공기를 개발하였지만, 중국 항공사들도 구매를 꺼릴 정도로 인기가 없다.

그렇다면 우리나라는 왜 민간 항공기를 만들지 못할까? 정답은 경제성이 없기 때문이다. 항공기는 수만 개의 부품으로 구성되어 있으며, 고속으로 비행하기 때문에 안전이 무엇보다 중요하므로 설계, 제작, 시험 등의 과정에 수년간의 시간이 소모된다. 따라서 엄청난 자금이 투입되어야 하며 이렇게 큰 자금을 투입하더라도 항공사들의 구매요청이 없을 경우에는 해당 기업은 물론 국가 경제 전반도 휘청거릴 수 있으므로 민간 항공기 제작 시장에 쉽게 뛰어들 수 없다.

네덜란드의 항공기 제작사인 Fokker사는 민간항공기 경쟁시장에서 실패하여 도산한 상태에 빠졌을 때 대한민국 유수 기업의 인수를 간절하게 희망하였으나 결국 무산되었다. 만약 대한민국 기업이 Fokker사를 인수하였다면 엄청난 손해를 봤음이 자명하다. 우리는 항공기 제작산업 같은 위험이 크고 대규모 투자를 요구하는 사업보다는 부품 제작사업, 항공기 정비사업 등 알차고 수익성이 큰 사업을 노려보는 것이 지혜롭다 하겠다.

대한민국이 개발한 4인승 경비행기 KC-100

초음속 비행기의 흥망

제트엔진의 성공적인 개발에 따라 전투기들은 대부분 초음속 성능을 갖추고 있다. 음속의 단위를 마하Mach로 표시하며 대한민국 공군의 주력기인 F-15의 경우 마하 2.5의 속도까지 비행할 수 있다.

초음속 여객기는 그 필요성은 인정되지만, 탑승객이 소수이고 연료 효율이 높지 않고 소음이 큰 단점이 있어 개발이 늦어졌다. 미국도 초음속 여객기SST; Super Sonic Transport 개발에 착수하였지만, 중도에 포기하였고 영국과 프랑스는 공동개발, 소련은 단독개발을 추진하였다.

영불 합작인 콩코드는 개발 시작 15년만인 1969년 3월 1일 시험비행을 시작했고 1976년 1월 취항했다. 콩코드란 이름은 불어 concorde, 영어 concord로 합의agreement, 조화harmony, 연합union이란 뜻이며 영국과 프랑스의 합작 정신을 표현한 것이다. 콩코드는 상업용으로 총 14대가 제작되었는데 7대가 프랑스의 에어프랑스Air France에, 나머지 7대는 영국항공British Airways에 인도 되었으며, '파리-뉴욕', '런던-뉴욕' 구간을 다른 항공기에 비해 절반의 시간에 비행할 수 있었다. 콩코드의 순항 속도는 마하 2.04 2,179km/h, or 1,354mph였다. 콩코드의 운항은 그리 오래가지 않았다. 2000년 7월 25일 Air France 4590편이 파리 샤를 드골 공항에서 출발하여 뉴욕으로 향하던 중 이륙 직후 추락하여 승객 100명, 승무원 9명 전원은 물론 지상에 있던 4명이 사망하는 사고가 발생하였다.

사고 원인은 콩코드 이륙 1분 전 이륙한 콘티넨털항공 소속 DC-10 항공기에서 떨어진 금속조각이 콩코드의 타이어에 영향을 준 것이었다. 콩코드는 2000년 사고 이후 탑승객이 급감하였고 9.11과 이어진 세계 경제 위기가 퇴역을 앞당겼다. 2003년 Air France와 British Airways는 동시에 콩코드의 퇴역을 결정하였다.

한편 소련Soviet의 SST인 Tupolev 사의 Tu-144는 콩코드보다 3개월 전1968년 12월 시험비행에 성공하는 등 앞서 나갔으나 1973년 파리 에어쇼에서 추락하여 개발이 지연되었다. Tu-144는 1977년 11월 1일 여객운송을 시작하였으나 1978년 5월에 추락사고가 발생한 것을 계기로 더 이상의 비행이 중지되었다.

이렇게 현재에는 운항하는 초음속 항공기가 없으나 대륙 간 비행에 걸리는 시간을 단축하고자 하는 인간의 욕망은 늘 잠재된 것으로 항공기 또는 엔진 제작에 관련된 전문가들은 초음속 여객기가 곧 다시 출현할 것으로 전망하고 있다.

British Airways 의 Concord

항공기도 많이 팔린 명품 기종이 있나요?

여객운송용 항공기로 지금까지 가장 많이 팔린 기종은 보잉사가 제작한 B737 시리즈이다.

B737은 120석에서 180석 수준의 단거리 항공기로 1968년에 최초로 운항을 시작한 이래 2013년 8월 기준 11,150대가 주문되었으며 그중 7,700대 이상이 출고되었다. 이렇게 B737이 인기를 끈 것은 보잉사 특유의 튼튼하고 단순한 항공기 설계 개념이 적용되었으며 착륙장치Landing Gear가 접혀 들어가면 별도의 Door 없이 항공기 타이어가 공기 중에 노출될 정도로 시스템을 단순화하였다. 항공기의 높이가 높지 않아 정비사가 별도의 사다리를 놓지 않아도 웬만한 정비가 가능한 것도 이 항공기가 인기가 있는 원인 중의 하나이다. 저비용항공사 대명사인 사우스웨스트항공은 아직도 B737 기종만을 고집하고 있다. 우리나라의 LCC 대부분도 B737 시리즈 항공기를 사용하고 있다.

에어버스사의 A320시리즈는 명품 기종 선정의 기준에 불만을 가질 수 있다. 왜냐하면, A320시리즈는 1988년에 서비스를 시작했으며 그럼에도 불구하고 2014년 8월 기준 10,934대의 주문을 기록했고 인도된 항공기만 해도 6,201대에 달하기 때문이다. 에어버스사는 A320기종이 B737 보다 약 15% 정도의 연료가 절감된다고 주장하고 있다. 많이 팔린 명품 항공기가 되려면, 경제성, 안전성, 단순성이 관건이라 하겠다.

Boeing B737 Series

A320 Series

영화와 실제의 차이

　브루스 윌리스가 주연한 「다이하드2」Die Hard II, 1990에, 보면 항공기B747 날개의 연료배출구를 열어 연료가 뿜어 나오도록 하고 항공기에서 뛰어내린 브루스 윌리스가 라이터로 연료에 불을 붙이자 이륙 중인 항공기로 불이 따라 올라가 악당들이 탑승한 항공기가 공중 폭파되는 장면이 나온다.
　이 장면은 실제로 가능한 것일까? 정답은 '아니다'이다. 우선 해당 항공기 B747는 날개에 연료배출을 할 수 있는 밸브가 설치되어 있지 않다. 설혹 그러한 밸브가 있어 연료가 배출되는 상태라고 하더라도 항공유는 석유 계열이기 때문에 발화성능이 좋지 않아 항공기가 이륙하는 속도를 따라잡아 폭발할 수는 없다.
　1997년 개봉된 해리슨 포드 주연의 Air Force One도 재미있는 장면이 나온다. 미국 대통령이 탑승하는 비행기는 B747-200 또는 300기종인데 항공기 후미에 낙하산을 타고 뛰어내릴 수 있는 영화장면에서 보이는 Door는 아예 없다. 아마 수송기를 해당 장면의 대역으로 활용한 것 같다. 더욱이 민간항공기는 설령 대통령이 탑승하는 항공기라 할지라도 낙하산을 탑재하지는 않는다. 영화는 영화일 뿐 그냥 명장면으로 즐기면 좋을 것 같다.

episode
003

자격

항공종사자는 어떤 사람들을 말하는가요?
항공종사자는 몇 살부터 시험에 응시할 수 있나요?
항공종사자 자격증명은 어떤 종류가 있나요?
우리나라에서 조종사가 되려면?
안경을 낀 사람은 조종사가 될 수 없나요?
조종사 음주?
실제 비행기를 이용하지 않고 모의비행장치로 시험을 칠 수 있나요?
외국 자격증을 우리나라에서 인정해 주나요?
항공통신사는 어떤 역할을 하나요?
관제사가 되려면 어떻게 해야 하나요?
운항관리사는 어떤 일을 하나요?
항공신체검사증명은 어떤 종류가 있고 유효기간은 어떻게 되나요?
항공영어 구술능력증명은 무엇이고 어떤 사람들이 받아야 할까요?
캐빈승무원은 자격증이 필요하나요?
키가 커야 캐빈승무원을 할 수 있다?

관제사 아치 리그가 근무한 최초의 '관제탑'은
손수레에 얹힌 비치파라솔, 해변 의자, 수첩,
2개의 신호 깃발로 구성되었다.
체크무늬의 깃발은 'GO(진행)',
빨간색 깃발은 'HOLD(대기)'를 표시했다.
겨울에는 밖에서 근무할 때는 체온유지를 위해
조종사의 패딩슈트를 입었다.
1930년 초 무선관제탑이 설치되자
그는 최초의 공항 무선관제사가 되었다.

항공종사자는 어떤 사람들을 말하는가요?

항공종사자는 자격증명을 받고 항공 업무를 하는 사람을 말하며 서양에서는 Airmen으로 칭한다.

조종사의 경우 자가용 조종사 private pilot, 사업용 조종사 commercial pilot, 운송용 조종사 air transport pilot 순으로 그 자격의 난이도와 비중이 높아진다.

많은 승객이 탑승하는 여객기를 조종하는 기장은 운송용 조종사 자격증명이 있어야 한다. 부조종사 자격증명은 최근에 도입된 제도로 부기장 co pilot을 의미하는 것이 아니고 multi crew pilot을 의미한다.

운송용조종사(Air Transport Pilot)

항공사의 조종사 부족현상을 해소하기 위해 조종사 단기 양성을 위해 도입한 제도이다. 우리말로 번역할 마땅한 말이 없어 부조종사라는 표현을 썼는데 부기장과 혼동할 수 있는 문제가 있기는 하다.

항공사 navigator는 예전에는 항법사라고 불렀다. 항공기에 탑재된 항법 장비가 열악했던 항공의 초창기에는 항법사의 역할이 매우 중요했다. 조종사들은 항법사의 계산에 따라 대양을 횡단하여 목적지 공항까지 비행했기에 그들에 대한 의존도가 상당했으나 최근에는 항공기에 탑재된 항법 장비가 발달함에 따라 항법사가 탑승하는 항공기는 대부분 사라졌다. 자동화에 밀려 없어진 직종 중의 하나라고 볼 수 있다.

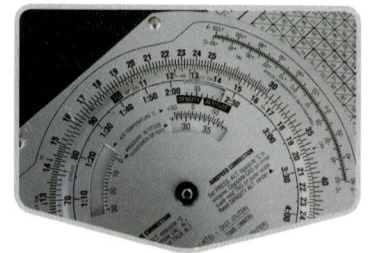

항법사들이 사용했던 flight computer

항공기관사flight engineer도 일부 러시아제 항공기를 제외하고는 사용되지 않는 자격증이 되었다. 구식 항공기는 조종사들이 제어하기에는 너무 복잡한 엔진 시스템 때문에 항공기관사 제도가 필요했었다. 항공기관사들은 평소에는 엔진과 관련된 부분을 다루다가 이륙 시에는 조종사들을 도와 추력 레버를 조종하는 역할을 하였다.

B747-200 항공기관사(flight engineer) 좌석

오른쪽 위의 그림은 B747-200 항공기의 항공기관사 좌석을 보여주는데 시스템이 얼마나 복잡한지를 알 수 있다. 신형 항공기가 도입되면서 항공기관사가 필요 없게 되자 항공기관사들은 지상근무로 전환하거나 조종훈련을 거쳐 조종사로 변신하기도 하였다.

항공교통관제사air traffic controller는 항공기가 안전하게 비행할 수 있도록 정보를 제공하고 항공기가 공중에서 충돌하지 않도록 적절한 간격을 유지하게 한다. 관제탑에서 관제사는 조종사에게 이·착륙 허가를 하고 지상에서 항공기 이동을 통제한다.

관제탑에서 항공기를 관제하는 항공교통관제사

항공안전을 위해 관제사의 지시에 조종사들은 따라야 할 의무가 있고 이를 어길 경우 관련 규정에 의해 제재를 받게 된다.

기장에게 지시하는 관제사의 권한이 막강해 보이지만 혼잡한 공항에 짙은 안개 같은 악기상이 발생하는 경우 관제사의 스트레스와 업무 강도는 극에 달한다.

관제사는 기본 자격증만 가지고 관제업무를 수행할 수 없다. 해당 공항이나 해당 관제탑에 대한 훈련을 받고 자격을 획득해야 관제업무에 투입될 수 있고 이 과정에 통상 1-2년의 세월이 소요된다. 우리나라는 군 공항에 민간 항공기가 취항하는 경우가 많으므로 항공법상 예외조항을 두어 군 관제사는 민간 관제 자격증명 없이도 국토교통부 장관의 인가를 받아 민간 항공기를 관제할 수 있게 하고 있다.

항공종사자는 몇 살부터 시험에 응시할 수 있나요?

자동차 운전면허는 2종 보통 기준 만 18세가 되어야 응시할 수 있지만 자가용 항공기 조종사는 17세부터 응시 할 수 있도록 규정되어 있다. 이론적으로는 고1 학생도 자가용 항공기 조종사 자격증명을 받을 수 있다는 이야기이다.

경량항공기 조종사 자격도 만 17세부터 응시할 수 있다. 초경량비행장치는 더욱 완화되어 있다. 만 14세 이상이면 자격증명 시험에 응시할 수 있다.

전설적인 여성 비행사 Amelia Earhart (1923년 5월 여성으로는 16번째 조종사 자격 취득)

그 밖 대부분의 항공종사자 자격증명은 만 18세 이상 응시가 가능하고 운송용 조종사 시험은 만 21세가 되어야 응시할 수 있다. 언론에서는 최연소 자격증명 취득자에 대하여 대서특필하기도 하지만 그런 주인공들이 항공분야에서 지속해서 성과를 내고 이바지 한 경우는 드물다. 몇 살에 자격증명을 취득하였는지가 중요한 것이 아니고 자격증명에서 요구하는 기능을 충분히 발휘하면서 해당 분야 발전에 이바지할 수 있는 자원이 될 수 있느냐가 중요한 것이다.

항공법 제25조(항공종사자 자격증명 등)
가. 자가용조종사 및 경량항공기 조종사 자격의 경우 : 17세
   자가용항공기 조종사 자격의 경우에는 16세
나. 사업용조종사, 부조종사, 항공사, 항공기관사, 항공교통관제사 및 항공정비사 자격의 경우 18세
다. 운송용조종사 및 운항관리사 자격의 경우 21세

항공종사자 자격증명은 어떤 종류가 있나요?

우리나라에서는 항공종사자 자격증명 10가지를 운영하고 있는데 모두 국제민간항공기구 부속서 1 자격증명 Personal Licensing 에 근거하여 발행하고 있다. 국제민간항공기구 부속서는 19권으로 구성되어 있는데 1권을 자격증명에 할당한 것은 그만큼 사람의 역할이 중요하다는 것을 ICAO도 인정한 것으로 보인다.

조종사 관련된 자격증명은 운송용, 사업용, 부조종사, 자가용 등 4가지가 있다. 각 자격증명 별로 비행시간 등이 정해져 있고 학과시험과 실기시험을 통과하여야 한다. 조종사 자격에는 이에 추가로 계기비행 instrument flight, 교관 instructer, 항공기 형식별 한정 type rating 이 추가된다. 최근에는 경량항공기조종사 자격증명이 추가되었다. 항공사 navigator 와 항공기관사 flight engineer 는 필요로 하는 구식 항공기가 퇴역함에 따라 더는 발급되지 않고 있다.

항공법 제2조(정의)
"항공종사자"란 제25조 제1항에 따른 항공종사자 자격증명을 받은 사람을 말한다.

항공법 제26조(자격증명의 종류) 자격증명의 종류는 다음과 같이 구분한다.
1. 운송용조종사(21세 이상 기장임무 500시간 포함 총 1,500시간 비행경력)
2. 사업용조종사(18세 이상 기장 비행경험 100시간 포함 총 200시간 이상)
3. 자가용조종사(17세 이상 10시간 단독비행 포함 40시간 비행경력)
4. 부조종사
5. 경량항공기조종사(17세 이상 5시간 단독비행 포함 총 20시간 비행경력)
6. 항공사
7. 항공기관사
8. 항공교통관제사(18세 이상 전문교육기관 교육이수 또는 9개월 현장실습 영어 4등급, 신체검사 3종)
9. 항공정비사(18세 이상 전문교육기관 교육이수 또는 정비경력 4년 이상)
10. 운항관리사(21세 조종2년 또는 기상업무경력, 관제실무경력 2년 이상)
군관제사 : 제1항 및 제2항에도 불구하고 「군사기지 및 군사시설 보호법」을 적용받는 항공작전기지에서 항공기를 관제하는 군인은 국토교통부장관으로부터 자격인정을 받아 관제업무를 수행할 수 있다.

항공교통관제사와 항공정비사는 꾸준하게 발급이 되고 있다. 항공종사자 자격증명은 과거에는 국토교통부구 교통부에서 직접 발급하였으나, 현재는 소관 업무를 교통안전공단 이사장에게 이관하였다. 따라서 항공종사자 자격증명 취득을 위한 시험 등 관련 사항은 교통안전공단 홈페이지에서 확인하면 된다.

우리나라에서 조종사가 되려면?

우리나라에서 조종사가 되는 방법은 다양하다. 여기서는 전투기를 타는 군 조종사나 레저 스포츠 목적의 조종사보다는 인천국제공항에서 손님들을 태우고 세계 각 공항에 취항하는 운송용 조종사가 되는 길을 소개하도록 한다.

우선 자가용 조종사 자격을 취득해야 하는데 자가용 조종사 취득 과정은 여러 가지이다. 한국항공대학, 한서대학같이 항공운항학과가 개설된 대학에 입학하면 자가용 면장 취득에는 문제가 없다. 최근에는 한국교통대학, 청주대학, 극동대학, 경운대학, 중원대학 등이 항공운항학과를 개설해 문호가 훨씬 넓어졌다. 약간의 정부지원이 있는 울진비행훈련원에서도 자가용 면장 취득이 가능하다. 이도 저도 아닌 경우 미국, 호주 등 비행학교가 많은 해외에서 비행교육을 받거나 국내 일부 공항에서 운영 중인 조종학교를 이용할 수 있다.

자가용 면장만 가지고는 항공사에 취업할 자격이 충분치 않다. 대부분의 국적 항공사들은 사업용 조종사 이상의 자격증명과 비행시간 250시간부터 1,000시간 이상을 요구한다. 공군에 입대하여 전투조종을 하는 사람들은 쉽게 비행시간을 채울 수 있지만, 민간 항공교육기관에서 비행하는 경우에는 사업용 조종사 자격을 취득한 다음에도 교관으로 활동하면서 비행시간을 채워야 한다. 항공사들의 조종사 채용과정은 매우 엄격하며, 채용 이후에도 모의비행장치 등을 활용한 각종 테스트가 뒤따른다. 이후에는 해당 항공기 형식증명을 취득하기 위한 학과시험, 실기시험에 합격해야 하며 조종사 신체검사증명에 합격해야 함은 물론이다. 이에 추가하여 항공영어 구술능력 시험에 응시하여 Level 4 이상을 취득해야 한다.

조종사가 되는 길은 쉽지 않다. 그러나 첨단 항공기를 조종하면서 오대양 육대주를 넘나들고 고액 연봉을 받는 조종사의 길에 젊은이들은 오늘도 도전하고 있다.

안경을 낀 사람은 조종사가 될 수 없나요? - 자격

공군사관학교 및 조종 장학생 선발 시력 기준이 안경을 벗은 상태인 원거리 나안시력을 기준으로 종전 0.5에서 0.5 미만이라도 교정시력이 1.0 이상이고 정밀검사 결과 레이저 각막 절제술PRK이나 레이저 각막절삭성형술LASIK로 시력교정이 가능하면 조종사가 될 수 있도록 허용함에 따라 안경을 낀 학생들도 조종사로 지원하는 경우가 많아졌다. 다만 굴절률이 +2.25 이상 또는 -1.75디옵터 이하인 경우와 1.75디옵터 이상의 난시는 곤란하다. 이렇게 시력 기준이 완화된 것은 항공기술 발달로 육안 탐색보다는 첨단 장비를 통한 비행정보 파악이 많아졌기 때문이다. 따라서 교정시력이 1.0 이상이면 비행안전에 지장이 없으므로 공군 조종사가 되는 데 큰 문제가 없다고 보면 된다. 실제로 공군 조종사의 10%가량이 안경을 착용하고 비행한다고 한다.

민간항공의 경우 조종사 신체검사기준 항공법시행규칙 제95조 제5항 별표 15에 따라 ①교정하지 않고 1.0 이상의 원거리 시력이 있거나 ②안경을 착용하는 경우 ±6디옵터를 초과하지 않는 안경을 착용하여 1.0 이상의 원거리 시력이 있거나 ③각 눈의 시력이 교정하지 않고 0.1 미만인 경우에는 5년마다 안과 정밀결과를 제출토록 하고 있어 기본적으로 안경을 끼고도 조종은 가능하다고 볼 수 있다. 그러나 시력은 조종에 있어 매우 중요한 요소이므로 여분의 안경을 꼭 준비하여 휴대토록 규정되어 있다.

안경을 껴도 조종할 수 있다.

조종사 음주?

고도의 집중력과 기술을 필요로 하는 항공기 운항을 담당하는 조종사들은 안전운항을 위해 음주, 마약류 등이 법에 따라 엄격하게 금지되고 있다. 그러나 조종사가 음주 문제로 조종석에서 끌려 나오는 사례가 종종 국제뉴스로 보도되는 것을 보면 조종사의 음주 여부 측정은 안전운항을 확보하기 위해 시행되어야 한다.

우리나라에서는 조종사 또는 캐빈승무원이 혈중알코올농도 기준을 0.04%에서 2102년 7월 0.03%로 강화하고 처벌기준도 2년 이하의 징역 또는 1천만 원 이하의 벌금에서 3년 징역 또는 3천만 원 이하의 벌금으로 강화하여 운영하고 있다. 다른 나라의 경우를 살펴보면 미국은 0.04%, 영국은 0.02%로 조금씩 다르다. 최근에는 혈중 알코올이 조금이라도 검출되면 항공 업무를 할 수 없도록 개정하는 문제가 대두되어 검토되고 있다.

그렇다면 조종사에 대한 음주 측정은 어떻게 이루어지고 있을까? 항공당국은 출입국장에서 연중 무작위로 외국 항공사를 포함하여 모든 조종사를 대상으로 음주단속을 불시측정 방법으로 지속해서 시행하고 있다. 2013년의 경우 전국 14개 공항에서 2,074명을 측정 전체 대상자의 10% 하였으며 앞으로는 단속횟수도 늘리고 해외공항 출발 편에 대하여 항공안전감독관 심사관 등이 단속을 추가로 실시한다고 한다.

조종사 음주단속 결과는 2010년 첫 음주단속을 실시하여 1건, 2011년에 2건이 적발되어 총 2건이 적발되었으나 그 후 현재까지는 적발 사실이 없다고 하며 해당 조종사는 자격정지 30일, 항공사는 관리책임을 물어 과징금 2천만 원을 부과했다.

조종사의 음주(Drunken Flying)

실제 비행기를 이용하지 않고 모의비행장치로 시험을 칠 수 있나요?

모의비행장치는 항공기의 조종석을 모방하여 기체, 전기, 전자장치 등의 통제기능과 비행의 성능 및 특성 등을 실제의 항공기와 같게 재현할 수 있게 고안된 장치를 말한다. 현대의 모의비행장치는 실제 날아다니지만 않을 뿐 첨단 전자장비 및 화상도가 높은 화면을 활용하여 거의 완벽하게 비행환경을 만들어 낸다.

모의비행장치를 이용한 교육의 장점은 저렴한 비용으로 비행경험을 축적할 수 있다는 점이다. 실제 비행기는 엄청난 연료를 소모하지만, 모의비행장치는 약간의 전기만을 소모할 뿐이다. 또 다른 장점은 실제 비행기를 가지고는 훈련하기 어려운 악조건을 부여한 상태에서 조종사의 반응을 체크할 수 있다는 것이다. 반응이 느려 추락하게 되더라도 모의비행장치를 리셋하면 그만이다. 모의비행장치를 이용한 훈련프로그램이 도입된 이후 항공사고는 상당히 감소했다.

우리 항공법 항공법 제29조의2 모의비행장치를 이용한 자격증명 실기시험의 실시 등 에서는 모의비행장치를 활용한 시험은 물론 비행경험도 인정하고 있다.

B787 Full Flight Simulator

Simulator 내부 모습

외국 자격증을 우리나라에서 인정해 주나요?

우리나라 운전면허증을 인정하는 나라가 증가하고 있다. 그렇다면 항공종사자 자격증명의 경우에는 어떨까?

외국 정부에서 발행한 자격증에 대하여 우리나라는 일정한 확인 단계를 거친 다음에 인정하고 있다.

국제민간항공조약 체약국의 자격증명을 소지한 사람이 일시적으로 국내에서 항공 업무를 수행하고자 하는 경우에는 교통안전공단에 외국 자격증명인정서 발급신청서를 제출하면 공단은 자격증 유효 여부를 검토하고 외국 자격증명 유효기간 내에서 인정서를 발급한다.

외국에서 취득한 자격증명을 대한민국 자격증명으로 전환하고자 하는 경우에는 항공종사자 자격증명시험 응시원서를 교통안전공단에 제출하면 공단이사장은 자격증명 유효성 여부를 확인하고 시험항공법 및 실기시험을 실시하고 자격인정서를 전환하여 발급한다.

항공통신사는 어떤 역할을 하나요?

과거에는 조종실에 기장, 부기장, 항법사, 기관사에 추가하여 항공통신사가 탑승하였다. 가뜩이나 좁은 조종실에 다섯 명이 타고 다녔으니 그 불편함은 가히 짐작할 만하다. 통신사는 관제기관과의 교신을 담당하였고 때로는 통역 역할을 하기도 하였다. 현재에도 선박에는 통신사가 탑승하도록 규정되어 있다.

항공기가 현대화되고 자동화됨에 따라 통신사가 탑승할 필요는 사라졌다. 기장 또는 부기장이 조종하면서 교신도 수행하는 형태의 비행이 이루어지고 있다.

그러나 아직 항공통신사가 활약하는 부분이 있다. 국토교통부에서 운영하는 항공정보통신센터에서는 24시간 접수된 비행계획을 191개 ICAO 회원국에 AFTN을 통해 연간 약 9만7000여 건을 전송하고 접수받는 고정통신망 업무를 수행하고 있으며 장거리 통신HF을 활용하여 지구 위를 떠다니는 국적 항공사 항공기가 호출하면 기상정보 등을 제공하는 이동통신 업무도 수행하고 있다.

관제사가 되려면 어떻게 해야 하나요?

 항공교통관제사는 조종사가 원활하게 비행할 수 있도록 관제서비스를 제공하는 직업이다. 항로 상의 악기상 또는 충돌 위험이 있는 항공기가 비행하는 경우 이를 피해서 안전하게 운항할 수 있도록 교신을 통해 안전한 궤적으로 유도함은 물론 기상 상황 등 운항에 필요한 정보를 조종사에게 제공한다.
 관제업무에는 크게 2가지 종류가 있다. 대중들이 널리 알고 있는 높은 관제탑에서 수행하는 관제업무가 있고 전쟁영화에 자주 등장하는 검은 암실에서 화면으로 항공기 이동상황을 모니터링 하는 레이더 관제가 있다.
 관제탑 관제는 출발하는 항공기의 경우 계류장을 떠나 유도로를 따라 지상 활주를 하고 이륙한 순간까지 관제하며, 착륙하는 항공기는 착륙 직전부터 착륙 완료 시까지를 관제한다. 반면 레이더관제는 공중에서 순항하거나 공항에서 출발 또는 접근하는 항공기를 관제한다고 생각하면 된다. 관제사는 대부분 국가공무원 신분이며 관제탑, 레이더실 등 국가 주요보안시설에서 근무하는데 과거에는 공권력을 행사하는 딱딱한 이미지였지만 요즈음에는 조종사에게 최적의 운항환경을 제공하려는 '서비스 제공자' 개념으로 바뀌고 있다. 그럼 관제사가 되기 위한 과정을 알아보자. 우리나라의 경우 민간 경력만으로 관제사가 되고자 하는 경우에는 지정된 전문교육기관에서 관제사 과정을 이수하고 3개월 이상의 관제 실무 경험이 있어야 항공교통관제사 자격증명 취득을 위한 응시자격이 부여된다.
 한국항공대학교와 한서대학교의 항공교통관제교육원 또는 한국공항공사가 운영하는 항공기술훈련원이 지정전문교육기관으로 인가되어 있다. 군 관제사의 경우 9개월 이상 유자격 관제사의 지휘·감독하에서 근무한 경험이 있으면 시험에 응시할 수 있다. 관제사 자격증명 시험은 필기, 구술, 실기 등 유형별로 실시되며 세부 응시요령은 시험 시행기관인 교통안전공단 홈페이지www.ts2020.kr에서 자세하게 확인할 수 있다.

자격증명 취득만으로 대한민국에서 바로 관제업무를 수행할 수 있는 것은 아니다. 대한민국 관제사 대부분이 공무원이므로 정부의 관제사 채용 시험에 합격하여야만 정식으로 항공교통관제사 역할을 할 수 있다. 국토교통부는 통상 연 1회 채용이 없는 해도 있음 관제사를 특별채용하는데 적게는 10여 명에서 많게는 30여 명까지를 채용한다. 채용 인원은 신공항 건설, 공항확장 등 국내 항공환경 변화에 따라 편차가 크게 된다. 일단 채용이 되면 항공영어 구술능력평가 시험에서 4등급 이상을 획득하여야 국제선에 투입되는 항공기에 대해 관제를 할 수 있다.

항공기가 기종별로 조종 방식이 다르듯이 관제기관도 항공로의 위치, 고도, 지형, 지물 및 군 공역 등에 대한 관제방식이 다르므로 관제기관별 한정자격rating을 취득해야 한다. 관제사도 항공종사자의 일원이므로 관련 법령에 따른 신체검사증명을 획득해야 하는데 조종사들이 1종, 2종 신체검사증명이 필요하나 관제사는 3종 신체검사 기준만 만족하면 된다. 신체검사 지정병원은 전국에 산재하여 있으며 서울의 경우에는 목동 이대패밀리병원, 강북 삼성병원 및 흑석동 중앙대병원 등이 있다.

운항관리사는 어떤 일을 하나요?

운항관리사는 비행의 안전성, 경제성, 신속성 및 쾌적성을 위하여 기상정보를 분석하고 평가하며, 항공기에 탑재되는 화물과 연료의 적정성 등 비행의 안전을 위한 잠재적 위험을 판단하고 안전성 확보를 위한 업무를 수행한다. 운항관리사는 비행의 안전과 운항통제에 대하여 기장과 공동의 책임을 지며 기장은 항공기를 출발시키거나 비행계획을 변경하려는 경우에는 반드시 운항관리사의 승인을 받아야 한다.

최대이륙중량 5천700kg 이상의 항공기이며 좌석 수 9석 이상 크기의 항공기로 국제항공운송을 하고자 하는 항공사는 반드시 운항관리사를 두도록 항공법 항공법 제52조운항관리사, 항공법시행규칙 제165조의2운항관리사에 규정되어 있다. 운항관리사의 역할은 다음과 같다.

① 비행의 안전 확보를 위하여 요구되는 최대허용이륙중량 및 착륙중량, 기상보고, 활주로 상태 등의 정보를 종합하여 비행계획을 준비
② 항공법에 따라 규정된 최소 연료 탑재기준, 비행거리, 정비제한, 기상상태 및 항공기 형식에 따라 비행의 안전 확보를 위하여 요구되는 연료량의 계산
③ 비행의 출발을 위하여 법적으로 필요한 비행계획서의 준비 및 서명
④ 항공기, 승객의 안전을 위협하는 불안전한 상태 인지 시 비행취소
⑤ 기상상태 확인, 항공기 위치보고 및 항행상태를 지속하여 감시
⑥ 비상상황 발생 시 항공교통관제기관에서 운영하는 절차와 상충되지 않는 범위 내에서 운항규정에 규정된 절차에 따라 초동조치 실시

- Performing the pre-flight duties as the cabin crew preparing for the flight
- Providing the pilot with the advised route for an individual flight
- Assessing weather reports and informing the pilot of any hazards
- Making checks on aircraft maintenance issues
- Reviewing aircraft weight, fuel loads and cargo loads
- General duties to ensure the aircraft is safe and ready to fly
- Reporting to air traffic control and airport staff about departure times, and after departures, providing on aircraft status ad predicted arrival times

항공신체검사증명은 어떤 종류가 있고 유효기간은 어떻게 되나요?

항공신체검사증명은 제1종, 제2종, 제3종으로 구분한다. 운송용 항공기 기장은 제1종 신체검사를 요구받으며 매년 재검을 받아야 한다.60세 이상은 6개월마다 재검.

항공사 기장은 수입은 다른 직종에 비해 많지만, 신체검사에서 문제가 생길 경우 비행을 할 수 없게 되므로 엄격한 자기관리를 통해 늘 건강한 신체조건을 유지하여야 하는 어려움이 있다. 자가용 및 사업용 조종사의 경우 제2종 신체검사가 필요하며 40세 미만은 5년마다, 40세 이상 50세 미만은 2년마다, 50세 이상은 매년 신체검사를 받아야 한다.

항공교통관제사에게는 제3종 신체검사를 하고 있다. 미국에서는 신체검사증명서를 White Card라고 부른다. 그 이유는 신체검사 증명서는 지정 의사가 발행하며 백색 용지를 사용했기 때문이다.

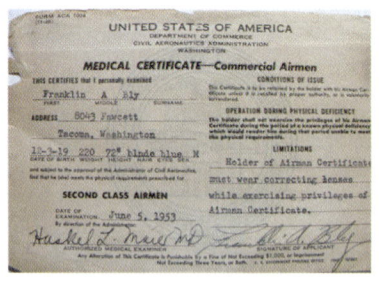

미국의 과거 항공신체검사증명서
(제2종 사업용조종사)

《항공법시행규칙 별표14 항공신체검사증명의 종류와 그 유효기간(제95조1항 관련)》

자격증명의 종류	항공신체검사 증명의 종류	유효기간		
		40세미만	40세 이상 50세 미만	50세 이상
운송용조종사 사업용조종사 (활공기 조종사 제외) 부조종사	제1종	12개월 다만, 항공운송사업에 종사하는 60세 이상인 사람과 1명의 조종사로 승객을 수송하는 항공운송사업에 종사하는 40세 이상인 사람은 6개월		
항공기관사 항공사	제2종	12개월		
자가용조종사 사업용 활공기조종사 조종연습생 경량항공기조종사	제2종 (경량항공기 조종사의 경우에는 제2종 또는 자동차운전면허증)	60개월	24개월	12개월
항공교통관제사	제3종	48개월	24개월	12개월

항공영어 구술능력증명은 무엇이고 어떤 사람들이 받아야 할까요?

ICAO 의 항공영어구술능력증명 세미나

항공영어 구술능력증명은 EPTA_{English Proficiency Test for Aviation}라고 하는데 2003년에 ICAO는 조종사와 관제사 간 언어소통능력 부족에 의한 항공 사고를 예방하고자 항공영어 구술능력 평가 제도를 도입하였다.

ICAO에서 운영 중인 사고 · 사건 자료보고시스템_{ADREP : Accident/ Incident Data Reporting System} 자료에 의하면 언어소통능력 부족이 항공사고 발생의 주요 원인으로 분석되었으며, 영국 항공당국에서 시행하는 Mandatory Occurrence Reporting에 따르면 최근 6년간 언어소통과 관련하여 134건의 사고가 발생한 것으로 보고된 바 있다. 2003년 3월 ICAO 이사회는 항공영어 구술능력에 관한 국제민간항공협약 부속서_{Annex} 1, 6, 10, 11 및 PANS-ATM 개정안을 채택하여 정식 발효시켰으며, 해당 국제기준은 대한민국 항공법에도 반영되었고 국제항공에 종사하고자 하는 조종사, 관제사 무선통신사는 4등급 이상 영어 구술능력을 획득해야 비행업무에 임할 수 있도록 하였다. 여기서 4등급은 영어로 의사소통에 문제가 없는 수준을 말하여 6등급은 원어민 수준으로 매우 유창한 것을 말하고 1등급이 제일 영어를 못하는 수준으로 책정하였다. 발음, 문법, 어휘력, 유창성, 이해력 및 응대 능력 등 6개 항목을 평가하며, 4등급 3년, 5등급 6년간 유효하고 6등급은 영구적으로 인정된다.

항공영어 구술능력 증명의 도입 초창기에는 많은 저항이 있었으나 최근에는 언어소통의 중요성이 항공종사자 모두의 공감대를 형성하면서 무리 없이 시행되고 있다. 그간 우리나라에서 치러진 항공영어 시험 합격률은 약 70%로 1등급(162), 2등급(311), 3등급(3,531), 4등급(8,695), 5등급(447), 6등급(477)으로 분포되어 있으며 2013년 6월 말 기준으로 4,766명이 4등급 이상을 취득하고 있다.

《직종별 항공영어구술능력증명 취득자(4등급 이상) 현황》

조종사	관제사	통신사	계
4,429	331	6	4,766

캐빈승무원은 자격증이 필요하나요?

항공기에 탑승하게 되면 승객들은 상냥한 미소로 맞이하는 캐빈승무원을 보게 된다. 캐빈승무원은 항공기가 이륙한 후 안전벨트 사인이 꺼지고 나면 음료수와 기내식을 서비스하고 면세품도 판매하는 등 탑승객들이 받게 되는 기내 서비스는 캐빈승무원의 손에 달려 있다고 할 수 있겠다.

초창기 캐빈승무원의 역할은 기장의 건강, 식사 등을 체크하는 것이었다고 한다. 그러나 현대에는 캐빈승무원의 가장 중요한 업무가 승객의 안전을 도모하는 일이다. 그래서 우리 항공법에 캐빈승무원을 「항공기에 탑승하여 비상시 승객을 탈출시키는 등 안전업무를 수행하는 승무원」이라고 정의하고 있다. 하지만 우리나라에서는 캐빈승무원에 대한 자격증명을 요구하지 않는다. 항공사 자체적으로 캐빈승무원을 교육하고 자격을 부여하는 형식으로 운영하고 있다.

세계 항공안전 규정을 제정하는 국제민간항공기구 ICAO에서도 부속서 1 Personal Licensing에 캐빈승무원에 대한 자격증명을 요구하는 표준과 권고는 마련하여 놓지 않았다. 그러나 항공기 사고 발생 시 캐빈승무원의 역할은 매우 중요하므로 미국은 캐빈승무원 자격증명제도를 도입하여 운영하고 있다. 미국 법령 49 U.S.C. section 44728 Flight attendant certification에 따르면 2004년 12월 11일 이후 20석 이상 항공운송에 사용하는 항공기에 탑승하는 캐빈승무원은 미연방항공청 FAA; Federal Aviation Adminstration에서 발행한 자격증을 소지토록 하고 있다.

미국 이외에도 EU, 캐나다, UAE 등의 국가들이 캐빈승무원 자격증명제도를 운용하고 있다. 우리나라도 캐빈승무원 자격증명 제도 도입을 검토하고 있다.

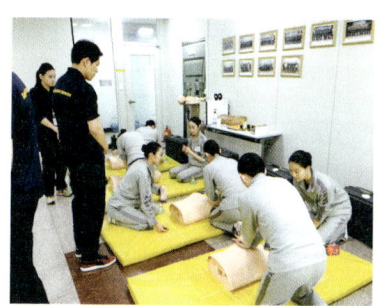

훈련 중인 캐빈승무원

- 영웅으로 칭송받은 아시아나항공 214편 캐빈승무원들 《USA TODAY 2013년 7월 8일》
샌프란시스코 공항에 착륙 중 사고가 발생한 아시아나항공 214편 캐빈승무원들은 사고 직후 승객의 안전을 돕는 자신들이 임무를 수행함에 있어 영웅으로 칭송받고 있는데 사무장인 '이윤혜'씨는 불타는 항공기에서 가장 마지막으로 나온 사람으로 승객들의 탈출을 돕는 데 최선을 다했다. 그녀는 AP 통신에 사고 후 탈출순간을 설명했는데 307명 탑승자 중 305명이 살아남았다.

- Asiana Flight 214 attendants lauded as 'heroes' by Ben Mutzabugh《USA TODAY July 8 2013》
Asiana Airlines attendants are being lauded as heros for their role in helping passengers to safety after the crash-landing of Flight 214 at San Francisco on Saturday Lee Yoon-hye, as the 'cabin manager' who was "apparently the last person to leave the burning plan" was among those being called out for her efforts to lead fliers to safety. Speaking to AP, Lee described evacuation in the moments after the crash-landing, in which 305 of 307 people on board the flight survived.

키가 커야 캐빈승무원을 할 수 있다?

캐빈승무원 하면 떠오르는 이미지가 상냥한 미소와 아름다운 제복, 큰 키에 날씬한 몸매 등이 있을 수 있다. 캐빈승무원의 가장 큰 임무는 항공기 사고 시 얼만큼 신속하고 정확하게 승객을 대피시킬 수 있느냐는 안전관리 측면이 중요하므로 외모가 그리 중요한 것은 아니다. 실제로 서방 항공사들의 경우 비록 나이가 지긋하고 날씬한 것과는 거리가 먼 중년여성이 승무원으로 탑승하는 경우가 많다.

승무원을 준비하는 수험생 중에는 키가 궁금할 것이다. 승무원이 되기 위해서는 키가 얼마나 되어야 할까? 키의 상한선과 하한선이 있는 것일까? 대부분의 항공사는 승무원 선발 공고 시 키에 대하여 수치를 밝히지 않는다. 다만 항공사에서는 승객의 휴대 수하물을 넣는 선반 Overhead Bin 의 문을 여닫을 때 불편하지 않을 정도의 키가 요구된다고 말하고 있다. 따라서 승무원이 되려면 어느 정도의 키가 되어야 함은 분명하다. 반대로 아주 키가 큰 경우는 어떨까? 승무원 면접을 오래 한 베테랑 면접관의 이야기로는 너무 키가 큰 경우에도 바람직하지는 않다는 것이다. 무엇이든지 적당해야 좋지 않을까?

episode
004

항공안전 및 보안

항공기 사고와 준사고의 구분은 어떻게 하나요?
항공안전의무보고와 자율보고의 차이점은?
구조요청은 왜 Mayday를 세 번 부르나?
항공기 사고가 발생하면 탑승자의 구조 및 보상 책임은 누구에게 있나요?
블랙박스는 검은 박스? / 비행기가 추락한 경우 위치추적은?
이착륙 시 좌석 등받이를 세우라고 하는 이유는?
이착륙 시 왜 창문 커튼을 걷나요?
비상사태에는 어떤 자세가 가장 안전한가요?
항공기에서 휴대전화 사용을 금지하는 이유는?
항공기와 새가 맞짱 뜨면 누가 승리하나요?
세계에서 가장 안전한 항공사는?
정시운항이 다 좋은 건가요?
항공기 기내에 반입할 수 없는 위험물질은?
항공사고 배상소송 관할권은?
전신검색기 어떻게 운영되나요?
항공기에 탑재되는 구급용구에는 어떤 것들이 있나요?

2009년 1월 15일 뉴욕 라구아디아공항에서 US Airways 1549는
이륙 직후 버드 스트라이크로 양쪽 엔진이 정지된다.

3:27:32
New York Tracon "Cactus 1549, turn left heading 2-7-0."
뉴욕 레이다 관제소 캑터스(US Airways의 콜사인) 1549, 왼쪽 2-7-0으로 방향 전환하라.

3:27:36
Flight 1549 "Ah, this, uh, Cactus 1539. Hit birds, we lost thrust in both engines. We're turning back towards LaGuardia."
조종사 아 이런, 캑터스 1539(당황하여 편명을 잘못 말함). 새와 충돌함.
엔진 두 개 모두 추력 상실. 라구아디아로 회항하겠음.

3:27:42
New York Tracon "OK, yeah, you need to return to Laguardia. Turn left heading of uh, 2-2-0."
뉴욕 레이다 관제소 오케이, 라구아디아로 돌아오라. 왼쪽 2-2-0으로 방향전환.

3:27:46
Flight 1549 "2-2-0."
조종사 2-2-0

3:27:49
New York Tracon "Tower, stop your departures. We got an emergency returning."
뉴욕 레이다 관제소 관제탑, 이륙을 중단하라. 비상회항 편이 있다.

3:27:53
New York's LaGuardia airport "Who is it?"
라구아디아 관제탑 어떤 비행기입니까?

3:27:54
New York Tracon "It's 1529, he ah, bird strike. He lost all engines. He lost the thrust in the engines. He is returning immediately."
뉴욕 레이다 관제소 1529편이다(다급함에 관제소도 편명 혼동).
조류충돌로 엔진 모두를 잃었다. 엔진이 추력을 내지 못한다.
1529편이 바로 회항 중이다.

3:27:59
LaGuardia "Cactus 1529, which engine?"
공항관제탑 캑터스 1529 어느 엔진이?

3:28:01
New York Tracon "He lost thrust in both engines, he said."
뉴욕 레이다 관제소 엔진 두 개 모두 작동되지 않는다고 한다.

3:28:03
LaGuardia "Got it."
공항관제탑 알았다.

3:28:05
New York Tracon "Cactus 1529, if we can get it to you, do you want to try to land runway 1-3?"
뉴욕 레이다 관제소 캑터스 1529, 활수로 1-3에 착륙 시도를 원하는가?

3:28:11
Flight 1549 "We're unable. We may end up in the Hudson."
조종사 불가능하다. 허드슨 강에서 끝낼지도 모른다.

체슬린 슐렌버거 기장은 결국 허드슨강에서 비행기를 성공적으로 착수하여 사망자가 발생하지 않았다.

항공기 사고와 준사고의 구분은 어떻게 하나요?

항공기 사고는 'aircraft accident'라고 하고 항공기 준사고는 'aircraft incident'라고 한다. 우리 항공법에는 항공기 사고는 운항 중 사람이 사망하거나 중상을 입는 등의 인명피해, 항공기의 중대한 손상, 항공기가 실종되는 등 중대한 문제가 발생한 것이라고 정의하고 있다. 여기서 운항 중이라는 표현에 유의할 필요가 있다. 운항이란 사람이 항공기에 비행을 목적으로 탑승할 때부터 탑승한 모든 사람이 항공기에서 내릴 때까지를 말하므로 계류장에 정류된 항공기에 화재가 발생하여 전소되었다면 그 피해가 아무리 크다고 해도 항공사고로 분류되지 않는다는 점이다.

항공기 준사고는 항공사고 이외에 항공사고로 발전할 수 있었던 것으로 항공법시행규칙에 자세하게 기술되어 있다. 그러나 항공기 사고와 준사고 사이에는 애매한 부분이 많아 어떤 상황이 발생하면 해당 사안이 사고인지 준사고인지 갑론을박하는 경우가 발생할 수 있다. 항공사고와 준사고의 구분이 문제가 되는 것은 해당 사건이 어떻게 분류되느냐에 따라 항공사의 불이익도 많은 차이가 나도록 규정이 제정되어 있기 때문이다.

항공법제2조(정의)
13. "항공기사고"란 사람이 항공기에 비행을 목적으로 탑승할 때부터 탑승한 모든 사람이 항공기에서 내릴 때까지(무인항공기 운항의 경우에는 비행을 목적으로 움직이는 순간부터 비행이 종료되어 발동기가 정지되는 순간까지를 말한다) 항공기의 운항과 관련하여 발생한 다음 각 목의 어느 하나에 해당하는 것을 말한다.
  가. 사람의 사망 · 중상(重傷) 또는 행방불명
  나. 항공기의 중대한 손상 · 파손 또는 구조상의 결함
  다. 항공기의 위치를 확인할 수 없거나 항공기에 접근이 불가능한 경우

항공법시행규칙 제7조(항공기의 중대한 손상 등의 범위)
법제2조제13호 나목에서 "항공기의 중대한 손상 파손 또는 구조상의 결함"이란 별표 4의2의 항공기의 손상 파손 또는 구조상의 결함으로 항공기 구조물의 강도, 항공기의 성능 또는 비행특성에 악영향을 미쳐 대수리 또는 해당 구성품(component)의 교체가 요구되는 것을 말한다.

14. 항공기준사고(航空機準事故)
항공기준사고란 항공기 사고 외에 항공기사고로 발전할 수 있었던 것으로서 국토교통부령으로 정하는 것을 말한다. 항공법시행규칙 제8조(항공기 준사고의 범위) 법제2조 제14호에서 국토교통부령으로 정하는 것이란 별표 5와 같다.
  1. 근접비행(500피트 미만)
  2. 비행 중 지표, 수면, 장애물과의 충돌을 가까스로 회피한 경우
  3. 보호구역에 허가 없이 진입하여 다른 항공기와 충돌할 뻔 한 경우
  4. 비 인가된 장소에서의 이륙 또는 착륙
  5. 활주로 시단에 못 미치거나(Undershooting) 또는 활주로 옆으로 이탈한 경우
  6. 항공기가 이륙 또는 상승 중 규정된 성능에 도달하지 못한 경우
  7. 비행 중 운항승무원이 조종능력을 상실한 경우
  8. 연료문제로 비상선언
  9. 항공기 고장으로 조종사의 어려움 발생
  10. 항공기의 심각한 손상
  11. 비행중 산소를 사용해야 하는 비상상황
  12. 운항 중 부품의 탈락
  13. 운항 중 화재발생
  14. 비행유도, 항행시스템 2개 이상 고장
  15. 비행 중 2개 이상의 항공기 시스템 고장 동시발생
  16. 외부 인 양물 또는 탑재물이 항공기로부터 분리되는 경우

항공안전의무보고와 자율보고의 차이점은?

항공안전보고의 운영목적부터 살펴보겠다. 항공기사고 및 항공기사고로 발전할 가능성이 있었던 항공기준사고 · 항공안전장애와 같은 사고의 징후들을 수집하여 경향성 분석을 통해 사고예방대책 수립에 활용하는 것이 항공안전보고 제도의 목적이다.

이는 1건의 사고가 발생할 때는 이미 수도 없이 많은 사고의 징후가 반복되어 나타난다는 '하인리히 법칙Heinrich's Law'에서 발전된 안전관리 방식이다. 미국의 하인리히Herbert William Heinrich는 그의 저서 'Industrial Accident Prevention : A scientific Approach'에서 대형사고가 발생하기 전에 그와 관련된 수많은 경미한 사고 징후들이 반드시 존재한다는 것을 이론적으로 밝혔다.

산업재해가 발생하여 중상자가 1명이 나오면 그 전에 같은 원인으로 발생한 경상자가 29명, 같은 원인으로 부상을 당할 뻔했던 잠재적 부상자가 300명이 발생한다는 법칙을 설명하였다. 즉, 큰 재해와 작은 재해 그리고 사소한 사고의 발생비율이 1:29:300이라는 것이다. 이는 대형 사고는 우연히 또는 어느 순간 갑작스럽게 발생하는 것이 아니라 그 이전에 반드시 경미한 사건들이 반복되는 과정에서 발생하고 있으며 다시 말해 큰 재해는 항상 사소한 것들을 방치할 때 발생한다는 것이다.

1:29:300을 현대 사고에 직접 적용 시, 조금은 다른 비율로 나타날 수도 있겠지만 사고 징후들에 대한 사전관리가 큰 사고를 예방할 수 있다는 이론은 무게를 가진다. 바다 위로 보이는 빙산은 전체 빙산의 일부라는 뜻의 '빙산의 일각'이라는 표현에 비유하기도 한다.

우리나라의 항공법에서는 항공기사고 · 항공기준사고 · 중요한 항공안전장애 등 사실 조사 필요성이 높은 사건들 약 60여 개는 항공안전의무보고항공법 제49조의3를 통해 항공종사자들이 의무적으로 72시간 이내에 정부에 보고토록 규정하고 있다.

이 외의 위험사건들은 상대적으로 위험도는 낮지만, 경향성 분석을 통해 잠재위험을 식별할 수 있어 자유롭게 항공안전자율보고 항공법 제49조의4로 보고 하도록 제도가 수립되어 있다. 항공안전자율보고는 보고자의 자율성을 확보해 주기 위해 개인정보를 비공개하고 보고한 내용에 대하여는 처벌하지 않는 원칙으로 운영되고 있다.

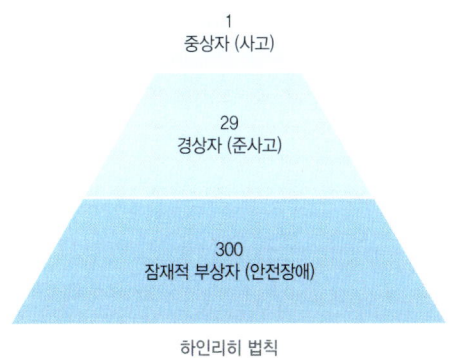

하인리히 법칙

구조요청은 왜 Mayday를 세 번 부르나?

영화에서 항공기가 엔진고장 또는 화재 등 긴급 상황에 돌입했을 때 조종사가 관제기관에 Mayday를 반복해서 세 번 외친 다음 자신의 상황을 이야기하고 도움을 요청하는 것을 본 적이 있을 것이다. 그렇다면 구조요청 시 왜 Mayday를 세 번 반복하는가?

불어로 maidez는 'help me'라는 뜻이다. 비록 미국인인 라이트 형제가 인류 최초의 동력비행에 성공했지만, 항공의 초창기는 프랑스에서 많은 비행이 있었다. 따라서 발음이 Mayday로 통용되는 maidez가 국제적인 항공기 구조요청 신호로 쓰이게 되었으며 조종석에서는 잡음이 많았기 때문에 혼선을 방지하기 위해서 세 번 반복하는 방식을 쓰게 되었다.

항공에서는 Mayday를 쓰지만, 선박에서는 SOS를 사용한다. 혹자는 SOS가 'Save Our Soul' 또는 'Save Our Ship'의 약자라고 하는데 모두 근거가 없다. 선박에서는 모스 부호를 사용하는데 SOS는 '…---…'의 간단한 구조로 혼동할 염려가 없으므로 1904년 제2차 베를린 무선통신 컨퍼런스에서 격론 끝에 구조신호로 채택하였다.

국제전기통신연합ITU 헌장 제46조 조난호출 및 통신문에 관한 조항에는 "무선국은 발신처를 불문하고 조난호출 및 통신문을 절대적으로 우선 접수하고 동일한 방식으로 응답해야 하며 즉시 이와 관련해 요구되는 조치를 취할 의무가 있다."라고 명시하게 된다.

1912년 북대서양에서 유빙에 부딪혀 침몰한 타이타닉호 사건은 ITU 헌장에 이 조항이 들어가게 하는데 결정적 역할을 했다. 타이타닉 침몰 당시에는 선박에서 무선통신을 사용한 지 얼마 되지 않을 때였으며 침몰 직전 타이타닉호에서는 무수히 SOS를 타전했지만, 이 신호를 수신한 선박은 없었다. 조사결과 주변 선박들은 아예 무선 수신기를 꺼놓고 항해한 것으로 밝혀졌으며 이를 계기로 조난 호출 신호 수신 의무화 조항을 제정하여 운영하고 있다.

항공기 사고가 발생하면 탑승자의 구조 및 보상 책임은 누구에게 있나요?

항공사고가 발생하면 탑승자의 구조 및 보상 책임은 당연히 해당 항공사에 있다. 물론 항공기 사고 발생 시 해당 공항 또는 지자체의 소방·구조 조직이 탑승자의 구조 등의 조치를 취하지만 이에 드는 비용도 사후에 항공사가 지급하여야 한다. 그간 사고사례를 살펴보면 사고 발생 항공사는 현장에 대책반을 설치하고 사상자와 가족들에 대한 조치를 해 왔다.

해외에서 사고가 발생하는 경우, 대규모 대책반을 출장시키기도 하지만 항공사 간 제휴Alliance가 있는 경우 제휴 항공사에 도움을 요청하기도 한다. 대부분의 항공사가 사상자 가족들에 대하여 1대1 전담반을 구성하여 지원한다. 미국 국가교통안전위원회의 경우 NTSB Transportation Disaster Assistance Division TDA을 두어 24시간 사상자의 정보 제공 등 서비스를 제공하고 있다.

사고에 대한 보상책임도 물론 항공사에 있다. 항공사들은 탑승객 가족들로부터 청구받은 보상액을 보험회사에 청구한다. 최근에는 항공사고에 대한 책임이 없음을 항공사가 입증하지 않는 한 탑승객에게 유리한 판결이 나고 있어 합의보다는 법원에 보상을 청구하는 소송을 제기하는 경우가 대부분이다. 이에 따라 항공사고 배상 전문 변호사도 활발하게 활동하고 있다.

블랙박스는 검은 박스?

항공기 사고가 발생하면 조사관들이 브리핑에서 블랙박스를 언제 수거 했으며 분석하는데 어느 정도 걸린다고 말한다. 블랙박스는 검은색 박스인 가? 아니다. 실제 블랙박스의 외관은 사고 발생 시 가장 눈에 잘 뜨이는 밝은 오렌지색 International Orange Color으로 칠해져 있다. 그렇다면 사람들은 왜 오렌지색 박스를 블랙박스라고 부르는가?

블랙박스는 두 가지가 있다. 하나는 비행자료를 기록하는 비행자료기록장치 Flight Data Recorder와 일종의 녹음기인 조종실음성녹음장치 Cockpit Voice Recorder이다. 현재 항공기에 장착되는 FDR은 메모리 칩 Solid-state CC memory unit에 25시간 동안의 항공기 운항과 관련된 자료들이 저장된다. CVR은 4개의 채널로 관제기관과 교신내용은 물론 조종사들 사이의 대화 내용까지 마지막 2시간 내용을 저장한다.

FDR, CVR 모두 3,400G의 충격에 견딜 수 있으며 1,100℃의 고열에서 60분간 견딜 수 있도록 설계되어 있다. FDR과 CVR는 추락 시 손상이 비교적 덜하도록 객실 뒷부분 천정에 장착되어 있으며 바다에 빠졌을 때 추적 할 수 있도록 수중위치신호 송신기 ULB; Underwater Locator Beacon을 부착해 놨는데 바닷물이 스며들게 되면 37.5KHz의 음파를 매초 1회 송신한다. 작동되는 한계 수심은 6km이며 작동 유효기간은 30일간이다.

블랙박스는 전기·전자 부문에서 데이터가 저장되어 그 데이터를 가지고 문제를 해결할 수 있을 때 저장 매체를 일컫는 일반적 용어이다. 즉 블랙박스에 저장된 항공기 운항 관련 데이터가 사고원인 규명에 절대적인 단서를 제공하기 때문에 블랙박스로 통칭하는 것이다.

Flight Data Recorder

Under Water Locator Beacon

비행기가 추락한 경우 위치추적은?

2014년 4월 7일 말레이시아 항공기가 갑자기 레이더에 사라져 아직 흔적조차 찾지 못하는 사고가 발생하였다. 국제민간항공기구ICAO는 현재와 같은 항공기 위치추적 시스템으로는 항공기 실종에 대처할 수 없다는 위기의식에서 2014년 5월 12-13일 캐나다 몬트리올에서 특별회의를 개최하였다. 이 자리에서 항공기 위치추적을 강화하기 위한 기술 개발을 위해 특별 전담반을 구성하기로 하였으며 조만간 해결책이 마련될 전망이다.

그렇다면 말레이시아 항공기는 어떻게 사라졌을까? 모든 항공기에는 자신의 위치를 전파로 발사하는 Transponder가 달려있다. 그러나 이 Transponder의 스위치는 조종석에서 키고 끌 수 있으며 말레이시아 항공기의 경우 이륙 40분 뒤에 Transponder의 스위치가 내려진 것으로 밝혀졌다. Transponder 이외에 항공기에는 ACARS : Aircraft Communication Addressing and Reporting System가 장착되어 있어 조종사와 관제사가 문자를 정보로 주고 받는 시스템이 장착되어 있는데 이륙 26분 뒤 역시 스위치가 꺼졌다.

ACARS는 조종석에 스위치를 내려도 엔진 상황 등 항공기 정보를 항공사와 제조사로 자동으로 송신하는 기능은 계속 작동하는데, 이 시스템은 이륙 7시간 30분 뒤까지 1시간 간격으로 작동했다. 항공기 위치추적을 강화하는 기술은 매우 어려운 것이 아니며 현재에도 즉시 사용할 수 있는 기술을 보유하고 있다는 회사가 23개나 있고 Inmarsat Satellite network를 현재의 항공기 통신시스템과 연계하여 항공기 위치를 항상 추적할 수 있다는 주장도 있다.

이와는 별도로 인터넷상에 항공기 편명만 입력하면 해당 항공기가 어떤 위치에서 비행하고 있는지를 알려주는 real time flight tracking 서비스도 많다. 공항에 마중 나가기 전 이용하면 연착하는 비행기를 장시간 기다리는 일은 없을 것이다. http://www.flightstats.com

이착륙 시 좌석 등받이를 세우라고 하는 이유는?

　항공기 이착륙 시에 승무원들은 돌아다니면서 등받이를 세우라고 요청한다. 그 이유는 물론 안전 때문이다. 항공사고는 대부분 이착륙 시에 발생한다. 따라서 등받이를 세우지 않는 경우 안쪽에 자리한 승객은 탈출하기가 곤란하고 시간이 많이 소요된다. 따라서 이착륙 시에는 승무원의 지적이 없더라도 반드시 등받이를 세우는 것이 좋다.

　이착륙 시가 아니라도 창가 좌석 또는 중간 좌석은 옆 사람의 협조를 구해야 복도로 갈 수 있으므로 여러모로 불편하다. 따라서 복도 쪽 좌석aisle side seat을 선호하는 경우가 늘었다. 장거리 비행 시 양옆에 우람한 승객들이 탑승한 경우가 최악의 상황이 된다.

　좌석 등받이와 관련해서는 지켜야 할 에티켓도 많다. 우선 뒷좌석 승객을 의식해야 한다. 식사 중에는 등받이를 될 수 있으면 기울이지 않는 것이 좋고 등받이를 기울일 때는 될 수 있으면 천천히 기울이는 것도 에티켓이다.

이착륙 시 왜 창문 커튼을 걷나요?

항공기 이착륙 시에는 승무원이 부지런히 다니면서 창문 커튼을 위로 올리는 것을 보았을 것이다. 이 또한 안전을 위한 조치이다. 이착륙 시 항공기 사고가 발생하면 외부 상황을 먼저 인지하고 행동해야 하기 때문이다. 화재가 발생하였는지, 바다에 착수했는지, 주간인지 야간인지 등 눈으로 확인한 다음에 비상탈출 방법을 강구해야 한다.

항공기 창문 및 커튼

비상사태에는 어떤 자세가 가장 안전한가요?

추락 전 적절한 자세를 취한 승객의 경우 그렇지 않은 승객보다 부상의 정도가 덜한 것으로 밝혀졌다. 항공기가 비상착륙할 경우 승무원의 지시에 따라 다음 자세를 취하면 도움이 된다. 우선 자세를 취하기 전 등받이를 앞으로 당겨 세우고 좌석벨트를 최대한 조여서 착용한다.

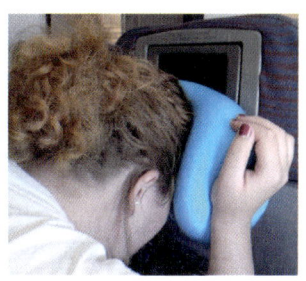

Brace Position

앞좌석 등받이 또는 칸막이 등의 벽이 손에 닿지 않을 경우

① 가슴이 무릎에 닿을 정도로 상체를 최대한 굽힌다.

② 고개를 최대한 숙인다.

③ 팔로 무릎을 감싸 쥐거나 다리 뒤로 허벅지를 감싸 쥔다.

④ 양발은 무릎 관절보다 뒤로 당겨 각도를 최소화한다.

⑤ 발은 바닥과 편평하게 유지한다.

앞좌석 등받이 또는 칸막이 등의 벽이 손에 닿을 경우

① 상체를 최대한 굽힌다.

② 고개가 좌석 등받이 또는 벽면에 닿도록 숙인다.

③ 양손을 겹쳐서 머리 위에 놓는다. 이때 손가락을 깍지 끼면 안 된다.

④ 양팔로 얼굴 양옆을 감싸 쥔다.

⑤ 양발은 무릎 관절보다 뒤로 당겨 각도를 최소화한다.

⑥ 발은 바닥과 편평하게 유지한다.

항공기에서 휴대전화 사용을 금지하는 이유는?

항공기 내에서 휴대전화 등 전자기기를 사용하게 되면 항공기 조종 시스템이나 통신시스템 등의 오작동을 유발해 이착륙구간같이 조종사가 비상조치를 할 수 있는 시간적 여유가 없는 단계에서는 휴대용 전자기기의 사용을 금지하였다. 이후 설계·제작기술이 발전하여 일부 항공기는 설계기준에 전자기기의 사용에 따른 전자파 안전성을 평가토록 하고 있다. 특히 여객운송용 항공기의 경우 설계·제작단계에서 전자파 안전성을 검증하였거나 여객 서비스 향상을 위해 별도로 안전성을 평가하여 정부로부터 안전성을 인정받은 경우 휴대용 전자기기를 비행모드에서 사용할 수 있도록 허용하는 국가가 늘어나고 있다.

미국·유럽연합은 2013년 11월 이후, 대한민국은 2014년 3월 1일부터 항공기 내에서 휴대용 전자기기의 사용 확대를 항공사별로 시행하고 있다. 그러나 아직도 이착륙 순간에 전파를 발사하는 휴대폰을 이용한 통화는 금지하고 있으므로 휴대폰을 비행모드로 전환하고 탑승하는 것이 현명한 방법이라 할 수 있다.

항공기와 새가 맞짱 뜨면 누가 승리하나요?

항공기가 이착륙할 때 새와 부딪쳐 기체 또는 엔진이 손상을 입는 경우를 Bird Strike라고 한다. 공항마다 Bird Strike를 방지하기 위해 다양한 대책을 강구하고 있지만 완벽한 예방은 되지 않고 있다.

새를 쫓기 위해 공포탄을 쏘기도 하고 독수리의 소리를 틀기도 한다. 심지어는 항공기 엔진에 그림을 그려 넣어 엔진이 돌 때 독수리나 매의 눈의 형상이 만들어지게 하는 방법도 쓰고 있다. 조류를 총으로 쏘아 박멸하는 방법도 환경론자들의 반대로 쓰기 어렵다. 일부 공항은 공항 내 연못으로 찾아오는 기러기 개체 수를 줄이기 위해 연못가에 전기선을 설치하여 물가 산책을 즐기는 기러기를 불편하게 하는 방법을 사용하기도 한다.

새가 항공기에 부딪히면 새는 물론 산산조각이 나는데 동체에 부딪히는 경우 피해가 그다지 크지 않을 수 있지만 엔진 속으로 빨려들어 가는 경우 엔진 블레이드_blade_가 손상되어 고가의 항공기 엔진을 교체하고 수리해야 하므로 결국 둘 다 손해가 막심하다고 보면 된다. 하늘에서는 항공기와 새는 마주치지 않는 것이 서로를 위해 좋은 것이다.

세계에서 가장 안전한 항공사는?

항공사를 선택할 때 어떤 조건을 먼저 보는가? 우선 내가 가고자 하는 목적지에 취항하는지가 1차 고려 요소가 될 것이다. 그다음 직항노선인지 경유노선인지가 중요할 것이고 무엇보다도 요금이 항공사 선택에 많은 부분을 차지하는 요소가 될 것이라고 보인다. 요금이 저렴한 경우에 시간적 여유가 있는 여행이라면 경유노선도 생각해 봄 직하니 말이다. 그러나 아무리 저렴하고 내가 여행하고자 하는 도시에 취항한다고 하더라도 안전에 의구심을 갖게 하는 항공사는 아무래도 피하고 싶은 것은 누구나 마찬가지일 것이다.

2014년에는 말레이시아항공 소속 항공기가 한 대는 실종되고 한 대는 미사일에 격추되는 사고를 겪었다. 사고 원인이 말레이시아 항공에 있고 없고를 떠나서, 사람들은 말레이시아 항공 탑승을 꺼리고 있으며 말레이시아 항공은 심각한 경영난에 봉착하였다. 그렇다면 가장 안전한 항공사는 어디일까?

항공사의 안전도 평가를 전문으로 하는
Airline Ratings.com에 의한 Top 10 안전 항공사는 다음과 같다.

1. QANTAS
2. AIR MEW ZEALAND
3. EMIRATES
4. ETIHAD
5. CATHAY PACIFIC
6. SINGAPORE AIRLINE
7. VIRGIN AUSTRALIA
8. EVA AIR
9. ALL NIPPON AIRWAYS
10. ROYAL JORDANIAN

우리 국적 항공사들이 안전한 항공사 Top 10에 들지 못하는 것이 아쉽고 앞으로 항공안전을 더욱 강화하고 사고를 사전에 방지하여 꼭 Top 10에 들어가야 하겠다.

정시운항이 다 좋은 건가요?

정기편인 경우에는 계절별로 스케줄이 사전에 발표되고 이에 따라 예약을 하면 승객들은 해당 시간에 탑승할 것으로 예측한다. 그러나 항공기는 운항에 제약을 주는 요소가 많으므로 약속된 시간에 출발하지 못하는 경우가 발생할 수 있다.

승객 입장에서는 정시운항이 가장 좋은 서비스이지만 정시운항만이 능사가 아님을 설명하고자 한다. 정시운항을 하고자 하는 것은 승객뿐만 아니라 항공사 소유주나 조종사, 정비사, 지상 조업 요원 할 것 없이 바라는 바다. 그러나 항공기에 이상이 있는 경우, 기상관계로 대기가 필요한 경우, 눈이 많이 내려 제빙처리를 해야 하는 경우 등 다양한 형태의 지연 또는 결항 요인이 발생한다.

항공사의 지연 또는 결항에 대하여 지나치게 흥분하고 빨리 뜰 것을 강요하는 자세는 바람직하지 않다. 왜냐하면, 항공기 상태나 기상상태 등이 불완전한 상태에서 운항하게 되면 그만큼 탑승객의 안전도가 떨어지기 때문이다. 만약 불안전한 항공기를 그냥 타고 가는 것과 지연되더라도 완벽하고 안전한 상태로 정비하여 타고 가는 것 둘 중의 하나를 고르라고 하면 대부분 후자를 택하지 않겠는가? 지연·결항에 대하여는 항공사 관계자를 다그칠 것이 아니라 기다려서 탑승하고 손해를 입은 부분에 대하여는 운송약관에 정해진 배상을 청구하는 것이 현명한 승객의 자세이다.

참고로 국적 항공사들의 지연·결항률은 세계평균에 비해 나쁘지 않다. 100회 비행 당 고장으로 인한 15분 이상 지연 및 결항 건수를 살펴보면 B777 기종의 경우 세계평균은 0.85건인데 비해 대한항공 0.22건, 아시아나 0.14건이고 A330기종은 세계평균이 1.00건, 대한항공은 0.11건, 아시아나 0.36건으로 우리 국적 항공사들의 운항신뢰성 dispatch reliability은 매우 높다고 할 수 있다.

항공기 기내에 반입할 수 없는 위험물질은?

관련 법규 항공안전 및 보안에 관한 법률 제21조 제1항에 따라 항공기 내 반입금지 위해물품을 알아보자.

일단 칼 종류는 반입금지 대상이다. 다만 플라스틱 칼, 안전 날이 포함된 면도기, 안전면도날, 전기면도기 및 기내식 전용 나이프는 객실 반입이 가능하다. 성냥도 라이터와 같이 안전성냥 1개에 한해 객실 반입이 허용된다. 기내에 반입할 수 있는 액체류 개인화장품, 향수, 헤어스프레이, 에어로졸 등는 품목당 100㎖ 이하의 용기에 담겨 있고 투명하고 봉인 가능한 1ℓ 이하의 플라스틱 봉투에 담긴 경우 1인당 1개는 허용된다.

기내에 반입할 수 없는 물건은 수하물 짐에 넣으면 되니 짐을 꾸릴 때 꼼꼼하게 챙길 필요가 있다. 악기의 경우에는 세 변의 합이 115/45 이하의 악기 즉 바이올린 등은 기내로 반입할 수 있다. 그러나 첼로 또는 더블베이스 같이 덩치가 큰 악기는 별도의 좌석을 구매하여야 한다.

항공사고 배상소송 관할권은?

항공사고 발생 시 「몬트리올협약」에 따라 승객은 항공사의 주소지, 항공사의 주 영업소 소재지, 운송계약 체결 영업소 소재지, 여객의 주소지와 영구 거주지 및 도착지 법원에 소송을 제기할 수 있다. 배상 관련 소송을 제기하는 유가족의 입장에서는 더 많은 보상이 예상되는 법원에 소송을 제기하고 싶지만, 꼭 그렇게 되는 것만은 아니다.

1997년 괌사고의 경우 서울거주 사망자의 유족이 항공사를 상대로 미국 소재 법원에 손해배상을 제기했으나 텍사스 주 연방법원은 한국 법원에 관할권이 있다고 하며 이를 각하했다고 한다. 그러나 항공기 제작사나 항공당국을 상대로 하는 소송은 미국에서 재판 관할권이 문제가 되지 않았으며 상당 금액을 배상받았다.

아시아나항공의 샌프란시스코 사고의 경우 대부분의 한국과 중국 승객은 미국을 도착지로 주장하여 미국에서 소송을 제기하려 하겠지만, 항공사나 보험사는 자국으로 돌아가는 왕복 항공권을 소지한 한국과 중국 승객의 최종 도착지는 미국이 아니라고 주장할 수 있다. 이렇게 미국에서의 소송을 선호하는 것은 미국 사법체계가 피해자에 대한 배상액에 더 관대하고 캘리포니아 주의 경우에는 불법행위로 인한 사고에 대한 배상액에 상한을 두지 않기 때문이다. 재판 관할권은 배상액의 규모를 결정함에 매우 중요한 요소이다.

전신검색기는 어떻게 운영되나요?

2009년 노스웨스트 항공 여객기 폭탄테러 기도사건 이후 세계 각국은 항공보안 강화를 위해 전신검색 장비를 설치하게 된다. 기존의 X-ray 검색장비로는 신종 항공테러 위협에 효과적으로 대처할 수 없다는 판단에서였다.

전신검색에 사용되는 기술은 backscatter 방식과 transmission 방식 두 가지가 있다. backscatter 방식은 신체 또는 물체에 방사능이 반사되어 이미지를 표시하며 은닉된 물품이 있는지를 파악하는 방식이다. 미국 Rapiscan Systems사가 개발했으며 가격은 대당 약 2억8천만 원 수준이다. 우리나라에는 인천공항에 3대가 설치되어 있다. transmission 방식은 물품 내부에서 반사되는 X-ray를 탐지하는 기술로서 신체 내에 있는 물체도 찾아낼 수 있다. 영국 Smiths Detection사가 제작하였으며 대당 약 2억3천만 원으로 김포, 김해, 제주 공항에 설치되어 있다.

전신 검색기는 항공기 안전운항과 승객의 안전을 해할 우려가 있다고 판단되는 사람 또는 국가기관에서 주의할 인물로 통보받은 사람에 한하여 사용한다. 이러한 경우에도 본인이 전신검색장비에 의한 검색을 거부할 경우에는 촉수검사로 대체한다. 국내에서 사용되는 검색장비는 미국 교통보안청TSA에서도 사용하는 장비로 검색 시 사용하는 방사선량은 흉부 X-ray 촬영 시 방사선량의 1/1,000 이하로 안전하다.

전신 검색기는 도입 초창기에 알몸검색기로 불리면서 검색대상자의 사생활 보호가 이슈가 되었으나 얼굴과 신체 주요부위를 희미하게 처리하고 검색 후에는 이미지가 저장되지 않고 자동으로 삭제되는 기능이 도입되어 프라이버시를 보호하고 있다. 전체 항공여객 중 전신검색장비로 검색을 받은 승객은 0.12%로 매우 적은 인원이다.

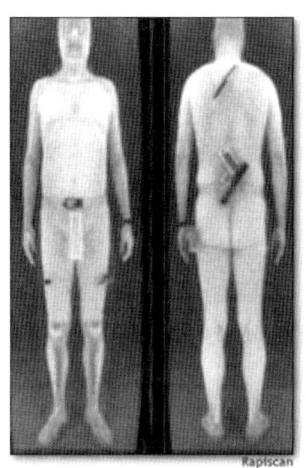
Body Scan Image

항공기에 탑재되는 구급용구에는 어떤 것들이 있나요?

항공기 소유자항공사 사장는 관련 법규 항공법시행규칙 제125조구급용구 등에 따라 구명동의, 음성신호 발생기, 구명보트, 불꽃 조난신호 장비, 휴대용소화기, 도끼, 메가폰, 구급 의료용품 등을 항공기에 갖추게 되어있다. 구명동의는 승객 1인당 1개씩을 비치해야 한다. 항공기에 탑재되는 구급 의료용품First-aid kit에는 다음 내용물이 들어 있어야 하는데 작은 종합병원을 차릴 정도이다.

• 내용설명서	• 멸균면봉
• 일회용 밴드	• 거즈붕대
• 삼각건 안전핀	• 멸균된 거즈
• 압박(탄력붕대)	• 소독액
• 반창고	• 상처 봉합용 테이프
• 손 세정제 또는 물수건	• 안대, 눈을 보호할 수 있는 테이프
• 가위	• 수술용 접착테이프
• 핀셋	• 일회용의료장갑(2개 이상)
• 체온계(비수은체온계)	• 인공호흡 마스크
• 응급처치 교범	• 구급의료용품 사용 시 보고 서식
• 복용약품	

이렇게 구급용구가 잘 갖추어 있어도 사용할 수 없으면 무용지물이다. 기내에서 환자가 발생하면 기장은 기내방송을 통해 승객 중 의사가 있으면 도와달라고 요청한다. 수백 명의 승객 중에 의사가 한두 명은 통상적으로 탑승하기 때문에 비행기 내에서 응급조치가 수행되고 비행기는 가까운 공항으로 비상착륙한다. 이렇게 환자 발생으로 목적지로 가지 못하고 비상착륙할 때 불만을 토로하는 승객은 거의 없다. 왜냐하면, 자신도 환자가 될 경우 의료 서비스를 받아야 하기 때문이다.

episode
005

항공운항

항공기의 기장은 어떤 권한을 행사할 수 있나요?
어느 좌석에 앉은 조종사가 조종하나요? / 조종사의 운항자격 심사는 어떻게 하나요?
조종사의 승무시간 제한은 어떻게 되어 있나요?
쌍발항공기의 장거리 운항(ETOPS) / 공중에서 연료를 버려야 착륙할 수 있다던데?
공중충돌 경보장치가 있다는데? / 조종사는 전 세계 어떤 공항에도 이착륙할 수 있나요?
비행금시구역이란? / 편대비행이란?
무선통신장비가 고장 난 경우 관제탑과 어떻게 연락하나요?
모의비행장치로 훈련하면 어떤 장점이 있나요? / 조종사들이 선글라스를 쓰는 이유는?
조종사는 자동비행과 수동비행을 번갈아 한다? / Tail Strike?
가까이하기엔 너무 먼? Near Miss / 부드러운 착륙을 좋아하시나요?
항공정보간행물에는 어떤 내용이 들어 있나요? / 캐빈승무원도 비행시간 제한이 있나요?
캐빈승무원은 비행기에 몇몇이 탑승하도록 규정되어 있나요?
비행을 자주 하면 방사능에 많이 투시된다는데 건강에 영향은 없나요?
북한 영공을 통해 비행할 수 있다? 없다?
외국에 착륙한 우리나라의 항공기 정비는 누가 어떻게 하나요? / 항공기배출가스 감소방안
A380은 몇 초 만에 승객을 탈출시켜야? / 항공기와 날씨 – 항공기와 바람
시계비행과 계기비행의 차이점은? / 제트기류는 왜 제트기류인가?
안개가 끼면 착륙할 수 없나요? / 헬기는 비가 오면 운항할 수 없나요?
위성항법시대 / 민간항공기에 대한 전투기의 공격?

1926년 5월 9일 미국인 리차드 버드와 플로이드 베넷은
「Fokker F.VII Tri-motor」 비행기로 북극 상공을 지나갔다.
아래는 리차드 버드가 그 당시 상황을 묘사한 부분이다.

태양은 여전히 밝게 비추고 있었다. 분명히 행운이 따르고 있었다.
해가 있어서 북극을 찾아갈 희망이 있었다.

계산을 해보니 북극까지 한 시간 거리였다.
우측 엔진의 오일탱크에서 기름이 새는 것이 비행기 창문으로 보였다.
걱정했던 마음은 베넷의 메모를 보고 더욱 어두워졌다.
"엔진을 멈출 거예요."

베넷은 착륙해서 기름 새는 것을 고치자고 했다.
하지만 수많은 모험들이 착륙 후에 실패하는 것을 봤었다.
북극으로 계속 가기로 결정했다.
지금 여기서 일부러 착륙하든지
북극 근처로 좀 더 가서 착륙하든지 별 차이가 없었다.

조종간을 다잡고 기름 새는 곳과 유압계를 계속 확인했다.
만약 유압이 떨어지면 엔진은 바로 멈출 것이다.
이런 사실에 매료되었다.
유압은 언제든 내려갈 것은 분명했다.
그러나 최종 목표는 분명히 눈앞에 있었다.
우리는 돌아갈 수 없다.

1926년 5월 9일 오전 9시 2분 그리니치 시간.
계산대로라면 우리는 북극에 도달했다!
일생일대의 꿈이 마침내 이뤄졌다.

The sun was still shining brightly. Surely fate was good to us,
for without the sun our quest of the Pole would have been hopeless.

When our calculations showed us to be about an hour from the Pole,
I noticed through the cabin window a bad leak in the oil tank of the starboard
motor. Bennett confirmed my fears. He wrote:
"That motor will stop."

Bennett then suggested that we try a landing to fix the leak.
But I had seen too many expeditions fail by landing.
We decide to keep on for the Pole.
We would be in no worse fix should we come down near the Pole than we would
be if we had a forced landing where we were.

When I took to the wheel again I kept my eyes glued on that oil leak
and the oil-pressure indicator. Should the pressure drop,
we would lose the motor immediately. It fascinated me.
There was no doubt in my mind that the oil pressure would drop any moment.
But the prized was actually in sight. We could not turn back.

At 9.02 A.M., May 9, 1926, Greenwich civil time, our calculations showed us to
be at the Pole! The dream of a lifetime had at last been realized.

항공기의 기장은 어떤 권한을 행사할 수 있나요?

항공기 기장의 권한은 항공법_{항공법} 제50조(기장의 권한)에 항공기의 비행안전에 대하여 책임을 지는 사람으로 그 항공기의 승무원을 감독할 권한을 부여하였다. 따라서 기장은 항공안전과 관련, 모든 승무원의 행동을 총지휘할 수 있다. 또한, 항공기 운항에 필요한 준비가 끝난 것을 확인한 다음 항공기를 출발시켜야 하므로 항공기 운항 결심의 최종 권한은 기장에게 있는 것이다. 또한 항공기나 여객에 위험이 발생하였거나 발생할 우려가 있다고 인정될 때에는 항공기에 있는 여객에게 피난방법과 관련된 안전에 관하여 필요한 사항을 명령할 수 있다. 항공법에는 기장은 항공기에 위난이 발생하였을 때 여객과 그 밖에 항공기에 있는 사람들을 항공기에서 나가게 한 후가 아니면 항공기를 떠나서는 아니 된다고 규정하고 있다. 항공에서 기장의 권한과 책임은 매우 막중한 것을 알 수 있다.

2009년 1월 15일 US Airway 1549편 A320 항공기는 승객과 승무원 155명을 태우고 뉴욕 라과디아 공항을 출발했다. 이륙 1분 만에 새떼와 조우하여 양쪽 엔진 모두가 멈추는 상황이 벌어졌다. 기장인 Chesley Sullenberger 당시 57세는 관제탑에 비행기가 새떼에 두 번 부딪쳤다는 보고를 하였고 관제탑 근무 통제관은 허드슨 강 건너에 있는 테테보공항에 비상착륙할 것을 지시하였다. 그러나 Sullenberger 기장은 테테보공항까지 갈 수 없는 상태라고 판단, 허드슨 강에 비상착수했다.

허드슨 강에 비상 착수한 항공기

비상착수는 비행시간 1만9천 시간을 기록한 기장의 노련한 비행술에 의해 부드럽게 이루어졌고 항공기 손상은 없었다. 승객과 승무원은 문을 열고 나와 비행기 날개 위에서 구조 선박을 기다렸다. 기장은 전 승객이 탈출했는지를 확인하고 자신도 항공기를 빠져나왔다. 사람들은 이 사건을 허드슨 강의 기적이라고 부른다.

우리나라에서도 책임감 있는 기장의 일화가 있었다. 1980년 11월 9일 미국 로스앤젤레스에서 출발해 앵커리지를 경유하여 서울로 향한 대한항공 015편B747-200, HL7445이 김포공항으로 접근 중이었다. 이른 아침 시간오전 7시 20분경 김포공항 인근에는 짙은 안개가 끼어 있어서 시정이 좋지 않았다. 015편은 너무 빨리 하강하여 바퀴다리가 활주로 앞의 제방에 충돌하였고 화재가 발생, 탑승자 226명 중 15명승무원 6명, 승객 9명이 희생되었다.

이때 기장양창모과 부기장문상진은 객실 사무장에 "기장님 탈출 하시지요. 승객들은 전원 무사히 탈출시켰습니다."라는 교신에 "자네들 대피하게 우리는 여기 남아 있겠네." 라는 말을 남기고 항공기와 함께 산화하였다. 항공의 역사 속에는 이렇게 책임감이 넘치는 조종사들의 헌신이 살아 있는 것이다.

대한항공 B747-200 김포공항 사고

어느 좌석에 앉은 조종사가 조종하나요?

항공기는 조종석 좌·우에서 모두 조종할 수 있다. 조종사 한 명이 신체에 이상이 발생하는 때를 대비하여 다른 한쪽에서 조종해도 무사히 착륙하게 하기 위해서다. 이는 조종사가 조종간을 잡은 상태에서 심장마비 등이 발생, 경직된 상태가 된다고 하여도 다른 쪽 조종간에 일정 정도 이상의 힘이 가해지면 조종이 가능한 상태로 설계되었다. 이러한 설계 개념을 fail-safe 구조라고 표현한다.

그렇다면 평상시 조종석에 좌·우측에는 누가 앉을까?

일반적으로 좌측에 기장이 앉고 우측에 부조종사가 앉는 형식이다. 좌측에 앉은 기장은 항공기 이착륙 조작을 하고 우측의 부조종사는 관제탑과의 교신, 착륙장치 landing gear의 작동, 플랩 flap의 작동 등 보조역할을 한다.

물론 기장이 부조종사에게 이착륙을 위임하는 경우에는 기장이 부조종사의 역할을 하게 된다. 이때 실제 이착륙 조작을 하는 조종사를 PF Pilot Flying 이라 하고 모니터링 하는 기장을 PM Pilot Monitoring이라고 한다.

조종석에는 항공기 크기에 따라 보조좌석이 1-3개 있다. 보조좌석에는 항공기 운항에 필수적이지는 않지만, 조종에 도움을 주기 위해 비임무 조종사가 앉기도 한다.

좌측 좌석에 앉은 조종사가 주로 조종
(Cessna 172 cockpit)

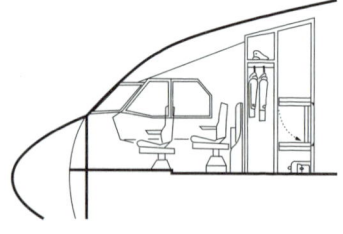

조종석 Layout
(A340-200)

조종사의 운항자격 심사는 어떻게 하나요?

여객기를 모는 조종사는 자격 심사에 합격하여야만 조종을 할 수 있도록 규정_{항공법 제51조(조종사의 운항자격)}되어 있다.

기장은 지식과 기량에 대하여, 부기장은 기량에 대하여 심사를 받아야 하며 정부 심사관은 정기적인 심사와 아울러 수시로 조종사의 운항에 관한 지식 및 기량의 유무를 심사하고 있다.

그러나 항공사 소속 모든 조종사를 정부 심사관이 심사하기에는 업무량이 너무 많아 일부 심사는 항공사_{지정항공운송사업자} 소속 조종사에 대하여 심사관 자격을 부여하고 심사 업무를 위임하기도 한다. 운항자격 심사관은 본인이 보유한 한정자격에 대하여만 합격 여부 판정을 할 수 있다.

조종사의 승무시간 제한은 어떻게 되어 있나요?

조종사의 승무시간은 항공안전에 있어 매우 중요하므로 법규_{항공법 제46조(승무시간 기준 등)}에 국토교통부 장관이 항공운송사업 또는 항공기사용사업에 종사하는 운항승무원 및 캐빈승무원의 승무시간, 비행시간 등을 제한할 수 있도록 규정하고 있다. 여기서 승무시간_{Flight Time}은 비행기가 움직인 시간을 말하고 비행근무시간_{Flight Duty Period}는 근무의 시작을 보고한 때부터 발동기가 정지한 시간까지를 말한다.

조종사의 근무시간은 1일_{24시간} 기준, 기장·부기장 조합에 따라 최대 승무시간은 8시간에서 16시간, 최대 비행근무시간은 13시간에서 20시간까지 다양하게 규정되어 있다. 무엇보다 피로의 누적을 방지하기 위해 연속 28일 즉 한 달, 연속 365일 즉 1년 별로 최대 승무시간을 정해 놓았다. 통상 월 100시간, 연 1,000시간을 넘기면 안 된다고 보면 정확하다.

2012년 평균 대한항공 소속 조종사는 828시간, 아시아항공 조종사는 876시간 비행한 것으로 나타났다. 조종사들은 8시간 비행을 한 다음에는 8시간 이상 휴식을 취하게 되어있고 19시간에서 20시간까지 장거리 비행근무를 한 경우에는 24시간 이상의 휴식을 취하게 되어있다. 간혹 항공기가 기상 상황 등으로 목적지 공항으로 가지 못하고 교체공항_{Alternate Airport}에 내리는 경우 조종사들의 비행시간이 초과하여 다른 조종사로 교체하는 과정에 장시간 비행이 지연되는 경우도 발생한다. 하지만 피로한 조종사가 조종하는 비행기에 탑승하는 것보다는 지연이 되더라도 충분한 휴식을 취한 조종사가 운항하는 비행기에 탑승하는 것이 낫지 않겠는가?

> 법제46조(승무시간 기준 등) ①국토교통부장관은 비행의 안전을 고려하여 항공운송사업 또는 항공기사용사업에 종사하는 운항승무원 및 캐빈승무원(이하 "승무원"이라한다)의 승무시간, 비행근무시간 등을 제한 할 수 있다.

Do You Know what FDTL means?

Flight Duty Time Limitations

쌍발항공기의 장거리 운항(ETOPS)

 망망한 태평양을 횡단하는 비행기에 타고 있으면서도 엔진이 모두 정지하여 바다에 비상착륙하는 상상을 하는 사람은 별로 없다. 최근에는 항공기와 엔진의 신뢰성이 높아져 공중에서 엔진이 정지하는 경우가 거의 없다. 하지만 항공의 초창기에는 공중에서 엔진이 정지되는 사건이 종종 발생하였다. 따라서 미국 연방항공청FAA은 엔진 1개만으로 착륙가능공항에서 60분 이상 떨어진 해상 운항을 금지하는 법안FAA 121.161을 확정하였다. 항공당국은 두 개 엔진을 탑재한 항공기로는 대양을 횡단하지 못하도록 규정을 만들어 운영하였다. 보잉사의 장거리 전용 여객기인 B707, B747에 모두 4개의 엔진이 장착된 것도 이러한 규제 때문이었다.
 엔진을 여러 개 장착하면 항공기의 안전성은 높아지지만, 연료효율은 떨어지고 정비비용은 증가하게 된다. 조금이라도 연료와 정비비를 절약하기 위해 개발된 항공기가 두 개의 엔진은 날개에 장착하고 다른 하나의 엔진은 꼬리날개 중간에 장착한 L-1011 항공기이다. 1964년 FAA가 삼발엔진 항공기의 60분 규제를 해제하자 L-1011은 인기를 끌게 되었고 Cathay Pacific 등 영국 계열 항공사들이 주로 사용하였다.

L-1011 Tristar

Continental Airlines 소속 DC-10

L-1011이 성공적으로 운항하자 미국의 더글러스 항공사는 DC-10을 시장에 내놓았다. DC-10도 장거리 운항용 항공기로서 보잉계열 항공기들과 자웅을 겨루며 한때를 풍미하다가 비행 중 엔진이 탈락하는 사고가 발생하면서 쇠락의 길로 접어든다.

DC-10을 업그레이드하여 제작한 MD-11도 여객기로는 그리 큰 인기를 끌지 못하고 현재는 대부분 화물기로 개조되어 운영되고 있다. 비용절감에 목말라 하는 항공사들은 엔진 3개의 운영마저도 비효율적임을 호소하면서 두 개의 엔진을 가진 항공기도 대양을 횡단할 수 있도록 해 달라고 항공당국에 규제 완화를 요청하였다. 항공기 엔진의 신뢰성이 크게 올라감에 따라 항공당국은 엔진 두 개를 가진 항공기의 해상 운항시간을 연장하는 제도를 인정하게 된다.

1985년 FAA는 쌍발 제트 항공기의 60분 룰을 해제하고 착륙가능 공항으로부터 120분 비행이 가능한 제도AC120-42, '85.6.6를 채택한다. 이 제도가 ETOPS이다. ETOPS는 Extended-range Twin-engine Operational Performance Standards의 약자이다. 현재는 ETOPS 운항을 180분까지 연장하여 시행하고 있어서 엔진을 두 개만 탑재한 B777, A330 같은 항공기들이 대양횡단 비행을 자유롭게 하고 있다. 혹자는 ETOPS가 Engine Turn Or People Swim이라고 농담하기도 한다. ETOPS의 운영을 위해서는 항공기 성능, 조종사의 능력, 항공사의 운항절차, 정부의 감독활동이 모두 맞아 떨어져야 한다.

최근에는 ETOPS 대신에 회항 시간 연장운항EDTO; Extended Diversion Time Operation 개념을 적용한 운항이 일반화되고 있다.

공중에서 연료를 버려야 착륙할 수 있다던데?

이륙한 항공기에 문제가 발생하여 다시 공항으로 착륙하기 위해 상공을 선회하며 연료를 버린 다음 공항에 무사히 착륙하는 뉴스를 종종 접하게 된다.

공중에서 연료를 외부로 버리는 것을 fuel dumping이라고 하며 대형 항공기에는 이러한 시스템이 장착되어 있다. 항공기는 최대 이륙 중량maximum take-off weight과 최대 착륙 중량maximum landing weight이 설계 및 제작 시 설정되어 있다. 일반적으로 착륙할 때의 충격이 이륙시보다 크기 때문에 최대 착륙 중량이 적다.

B747-400 점보 여객기의 경우 최대이륙중량이 388톤인데 반해 최대 착륙중량은 285톤 즉 착륙하기 위해서는 103톤의 연료를 소모해야 한다는 것이다. 대부분의 공항 인근에는 연료를 버릴 수 있는 공역이 설정되어 있어 조종사는 관제탑의 지시에 따라 해당 공역을 선회하며 연료를 버린 다음에 착륙을 시도하게 된다. 우리나라는 서해 앞바다에 fuel dumping area가 정해져 있지만, 때에 따라서는 다른 지역에서 관제기관과 협의하여 fuel dumping을 할 수도 있다. 이때에도 너무 낮은 고도에서 연료를 버리면 기화되지 않고 지상까지 내려올 수 있으므로 금지하고 있으며 아래쪽에 다른 항공기가 비행하지 않도록 관제한다. 버린 연료는 지상에 내려오기 전에 기화되며 환경 문제도 그리 심각하지는 않기 때문에 허용되고 있다.

그렇다면 항공기 상태가 연료를 버릴 시간조차 없도록 급박할 때는 어떻게 해야 할까? 이런 경우에는 당연히 착륙해야 한다. 착륙 후 항공기에 무리가 없었는지를 검사하는 데 이를 overweight landing check라 하며 문제가 없는 경우에 다음 비행에 투입할 수 있다. B737 등 비교적 소형 여객기는 fuel dumping system 자체가 장착되지 않는다.

fuel dumping

공중충돌 경보장치가 있다는데?

항공교통량은 계속 증가하고 있어 각국의 항공당국은 현대화된 항공교통관제 시스템을 개발하여 교통량을 처리하고 있지만, 여전히 항공기의 공중충돌에 대한 불안을 남아있다. 1956년 미국의 그랜드캐니언 협곡 상공에서 두 대의 항공기가 충돌한 사고가 항공관계자들에게 공중충돌에 대한 관심과 대책 마련이 필요함을 일깨워 준 사건이었다.

1978년에는 미국 샌디에이고에서 경비행기와 여객기간 공중충돌 사고가 발생하였고 이에 대한 해결방법을 위해 미국 정부는 1981년 공중충돌 방지장치 개발에 착수하게 된다. 1986년 캘리포니아 사라토스에서 자가용 비행기와 DC-9 항공기의 충돌이 발생하자 미 의회는 1990년 4월 9일부터 공중충돌 경보장치 적용을 승인하였다.

공중충돌(Mid Air Collision) 위협

공중충돌 경보장치는 ACAS Airborne Collision Avoidance System 또는 TCAS Traffic Alert and Collision Avoidance System이라고 한다. 공중충돌경보장치가 작동하기 위해서는 접근하는 항공기에 각각 Transponder가 장착되어야 한다.

각 항공기의 Transponder는 거리, 고도 및 방위정보를 알려주는 신호를 상대방 항공기에 알려주어 충돌을 방지할 수 있게 한다. 항공기가 진행하는 전방에 다른 항공기가 유사한 고도로 접근하는 경우 ACAS는 조종석 계기에 상대 항공기가 가까이 있음을 조종사가 인지할 수 있도록 TA Traffic Advisory 를 표시해 준다.

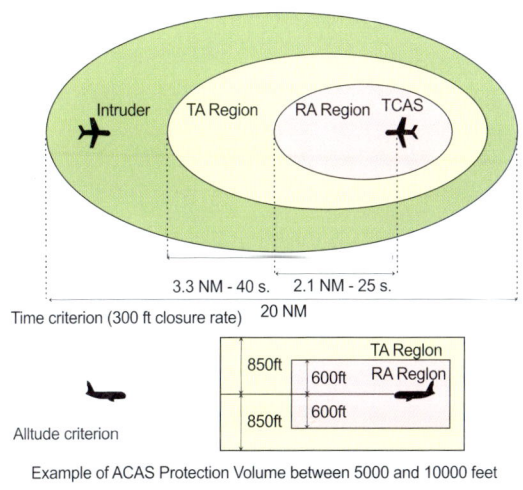

ACAS 작동원리

조종사는 침입 항공기 위치를 주시하면서 다음 상황에 대비하여야 한다. 계속해서 상대 항공기가 접근, 회피기동이 필요한 경우에 ACAS는 RA Resolution Advisory를 발령하여 조종사가 상승 CLIMB 또는 하강 DESCEND 토록 음성 지시 반복하여 지시한다.

127

ACAS Resolution Advisory

조종사는 RA상황에서는 ACAS의 권고하는 방향과 크기대로 회피기동을 하여야 한다. 충돌상황이 종료되면 ACAS는 음성으로 'CLEAR OF CONFLICT'를 방송하며 조종사는 신속하게 원래 인가받은 고도로 복귀하면서 관제사에게 상황이 종료되었고 원래 고도로 복귀하고 있음을 알려야 한다.

Runway Incursion

만약 ACAS RA는 하강하라고 지시하는데 관제사가 상승하라고 지시하는 경우는 어떻게 해야 할까? 지상에서 운전할 때는 신호등 보다 경찰의 수신호가 우선하지만, 항공기의 경우에는 관제사의 관제지시보다 ACAS에서 발령한 RA를 따라야 하는 것으로 결정하여 운영하고 있다. ACAS의 신뢰도가 지상의 관제사 판단보다 정확하므로 사고를 방지할 수 있다는 판단이다.

조종사는 전 세계 어떤 공항에도 이착륙할 수 있나요?

수많은 승객을 태운 항공기가 전 세계 아무 공항에도 이착륙할 수 있다면 불안할 수밖에 없을 것이다. 항공기의 안전한 운항을 위해서는 기장의 해당 공항에 대한 충분한 지식과 경험이 필요하다.

우리 항공법규 항공법 제51조 조종사의 운항자격 에는 기장은 운항하려는 지역·노선 및 공항에 대한 경험 요건을 갖출 것을 규정하고 있다. 항공사는 취항하는 각 공항에 대하여 사전에 각종 정보를 담은 교육 자료를 작성, 조종사들이 사전에 충분히 숙지할 수 있도록 하고 있다. 또한, 기장의 운항자격 인정을 위한 지식요건에 해당 공항 인근 지형 및 최저안전고도, 계절별 기상특성, 기상·통신 및 항공교통시설 업무와 그 절차, 수색 및 구조절차, 운항하려는 지역 또는 노선과 관련된 장거리 항법 절차가 포함된 항행안전시설 및 그 이용절차를 포함하여 심사하고 있다.

이렇게 스케줄이 정해진 정기항공운송 비행은 사전에 해당 공항에 대하여 충분히 숙지한 후 운항하기 때문에 문제가 없지만, 부정기편 운항 또는 자가용 목적 운항은 어쩔 수 없이 제한된 정보만 가지고 운항에 들어갈 수밖에 없다. 따라서 항공사 기장보다는 자가용 항공기 기장이 비행시간은 상대적으로 적지만 목적공항의 다양성 때문에 더욱 숙지해야 할 것이 많아지는 것이다.

비행금지구역이란?

비행금지구역이란 통제 공역의 하나로 안전, 국방상 그 밖의 이유로 항공기의 비행을 금지하는 공역을 말한다. 대한민국의 대표적인 상시 비행금지구역은 청와대를 중심으로 설정한 P73 구역이 있다. 대한민국 NOTAM(Notice To Airmen)에는 청와대 중심으로 2NM(3.7km) 반경까지는 P73A 지역으로 허락 없이 침입할 경우 격추사격, 2.5NM(4.6km) 반경(한강 이북지역만 해당)은 경고사격한다는 수도방위사령관 명의의 경고가 항상 게재되어 있다. 따라서 해당 지역에서는 항공기는 물론, 초경량비행장치, 모형항공기 등도 허가 없이 비행해서는 아니 된다.

이처럼 상시 비행금지 구역도 있지만 중요한 인물이 참석하는 행사에는 임시로 비행금지 구역을 설정하기도 한다. 2014년 8월 프란치스코 교황의 충북 음성 꽃동네와 대전월드컵 경기장, 충남 서산 해미 방문 시 인근 지역의 비행이 한시적으로 금지된 적이 있으며 미국의 경우 미 연방항공청(FAA)은 미식축구 슈퍼볼 경기가 열리는 경기장을 중심으로 반경 30마일 지역에 오후 4시부터 자정까지 비행금지 구역을 설정해 오고 있으며 무단 침입하는 항공기에 대하여는 미군 또는 해양경비대 소속 항공기가 초계 조치한다.

《공역의 구분 (제116조의2제1항 관련)》

구 분		내 용
통제공역	비행금지구역	안전, 국방상, 그 밖의 이유로 항공기의 비행을 금지하는 공역
	비행제한구역	항공사격, 대공사격 등으로 인한 위험으로부터 항공기의 안전을 보호하거나 그 밖의 이유로 비행허가를 받지 않은 항공기의 비행을 제한하는 공역
	초경량비행장치 비행제한구역	초경량비행장치의 비행안전을 확보하기 위하여 초경량비행장치의 비행활동에 대한 제한이 필요한 공역
주의공역	훈련구역	민간항공기의 훈련공역으로서 계기비행항공기로부터 분리를 유지할 필요가 있는 공역
	군 작전구역	군사작전을 위하여 설정된 공역으로서 계기비행항공기로부터 분리를 유지할 필요가 있는 공역
	위험구역	항공기의 비행 시 항공기 또는 지상시설물에 대한 위험이 예상되는 공역
	경계구역	대규모 조종사의 훈련이나 비정상 형태의 항공활동이 수행되는 공역

편대비행이란?

편대비행Formation flying은 두 대 이상의 비행기가 지도자의 지휘에 따라 비행하는 것을 말한다. 군에서는 아직도 20여 대의 항공기를 대대급으로, 4-5대의 항공기를 편대급으로 구분해서 운영한다.

편대비행을 군에서는 군사 목적으로 사용한다. 과거에는 항공기간 무선교신이 원활하지 않고 적에게 도청당하지 않기 위해서도 교신을 최소한으로 할 필요성이 있었으므로 항공기간 육안으로도 신호를 확인할 수 있는 가까운 거리로 모여서 비행을 하였다. 편대원들은 편대장 비행기를 일정한 거리에서 필사적으로 따라다녀야 했으며 적의 공격으로부터 방어하기 위해서도 편대비행 유지는 필수적인 비행방식이었다. 민간항공에서는 공중충돌 방지를 위해 될 수 있으면 항공기간 간격을 멀리하려고 노력하지만, 예외적으로 편대비행을 에어쇼air show 또는 레저recreation 목적으로만 사용하고 있다.

미 공군 F16 Thunder Bird 편대비행

편대비행은 저항을 줄여 연료소비를 절약한다고 알려졌다. 새들이 V-형태V-formation을 만들어 비행하면 저항을 줄여 더 멀리 날 수 있다는 것이다. V-formation의 경우 리더leader의 날개에서 발생하는 소용돌이vortex는 리더leader 자체에는 유도항력inducing drag을 발생시켜 저항을 증가시키지만 따라가는 단원follower은 날개에 상승풍upwash이 발생하여 압력을 증가시켜 편안한 비행을 도와주게 된다.

새들이 장거리 비행을 할 때 선두를 지속해서 바꾸는 이유가 앞선 새들이 매우 힘들기 때문인데 따라가는 새들은 선두보다 71%의 힘만 들이면 된다는 분석이다. 따라서 대열의 선두에서 날아가는 기러기는 지치면 뒤쪽으로 물러나고 그 자리를 다른 기러기가 대신하는 방식으로 비행한다고 한다.

Canadian Goose V formation flight

무선통신장비가 고장 난 경우 관제탑과 어떻게 연락하나요?

항공의 초창기에는 현대와 같은 관제탑 시설이 없었을 뿐만 아니라 무선통신 장비조차 없었다. 따라서 이착륙하는 항공기의 조종사에 대한 관제는 빛총Light Gun으로 제한적으로 할 수밖에 없었다. 현대화된 관제시설과 무선통신으로 Light Gun의 활용은 역사 속으로 사라졌지만, 아직도 관제탑에는 Light Gun을 비치하여 비상시에 대비하고 있다. 물론 관제탑은 비상전원도 설치되어 있고 무선통신장비도 이중으로 설치되어 있지만 만약에 무선통신이 두절되는 상태가 되면 공중에 떠 있는 항공기에 어떻게 해서든 관제지시를 해야만 하기 때문이다.

Light Gun은 적Red, 녹Green, 백White 세 가지의 색깔을 사용하며 지속점등 Steady On, 점멸Flashing, 방법으로 신호를 보내게 된다. 관제탑과의 무선통신이 두절된 항공기 조종사가 빛총신호를 수신한 경우에는 주간에는 날개를 흔들고 야간에는 착륙등을 2회 점멸해야 하며 지상에 있는 경우 주간에는 보조익 또는 방향타를 움직이고 야간에는 착륙등을 2회 점멸해야 한다.

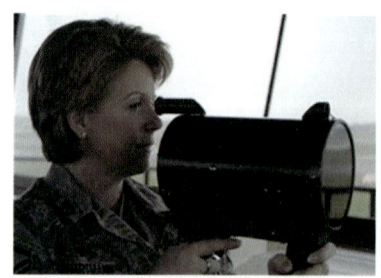

Light Gun

모의비행장치로 훈련하면 어떤 장점이 있나요?

　모의비행장치는 실제로 비행을 하지 않을 뿐 항공기와 유사한 움직임을 재현한다. 조종석의 움직임은 유압 실린더 또는 전기모터에 의하여 3축 방향으로 작동하며 항공기의 움직임에 따라 변화하는 이미지는 실제 공항 주변의 지형지물과 기상변화를 고해상도로 보여준다. 따라서 조종사들은 연료 소모 없이 경제적으로 비행훈련을 할 수 있다.

　모의비행장치의 장점은 단순히 경제적인 이점을 벗어나 안전에 크게 이바지함에 있다. 조종사들은 최악의 상황에 대비한 대처능력을 훈련해야 하므로 이륙 시 한쪽 엔진이 정지되거나 야간에 측풍이 심하게 불고 비가 내려 활주로가 미끄러운 상태에서 착륙한다든가 하는 시나리오를 설정하고 훈련한다. 실제 항공기로 이러한 훈련을 하다가는 사고로 이어질 수 있다. 그러나 모의비행장치는 훈련 중 추락하여도 간단하게 프로그램을 reset하고 몇 번이든 반복하여 어려운 비행임무를 훈련할 수 있다. 모의비행장치가 도입된 후 항공사고가 줄어든 것은 이러한 반복적인 훈련을 할 수 있었기 때문이다.

모의비행장치가 재현하는 실제 공항 Layout

조종사들이 선글라스를 쓰는 이유는?

조종사 하면 떠오르는 것이 빨간 마후라, 선글라스 등일 것이다. 조종사들은 왜 선글라스를 즐겨 쓰는 것일까?

물론 조종사들이 선글라스를 쓰는 이유는 강렬한 자외선으로부터 눈을 보호하기 위해 쓰는 것이다.

Ray Ban Aviator

항공기가 이착륙하는 활주로에는 강렬한 태양 빛을 가릴 그늘이 없으니 시력이 매우 중요한 조종사들의 입장에서는 당연히 선글라스를 애용할 수밖에 없다.

조종사들이 즐겨 쓰는 선글라스를 레이밴 Ray Ban 이라고 하는데 1936년 Baush&Lomb사가 조종사용으로 개발한 녹색계열 렌즈와 금테로 이루어진 안경을 말한다. 사실 전투 조종사는 조종석에서는 첨단 헬멧에 달린 햇빛차단장치 Sun Visor 를 사용하므로 선글라스를 쓰지 않는다.

민간항공기의 경우에는 조종석에 햇빛은 차단하는 장치들이 있기는 하지만 고공으로 올라가게 되면 햇볕이 지상보다는 훨씬 강렬하고 조종석의 각종 계기도 눈을 피곤하게 하므로 선글라스가 애용된다.

2차 대전의 영웅 맥아더 Douglas MacArthur 장군이 필리핀에 상륙하면서 Ray Ban을 끼고 파이프 담배를 문 사진 때문에 이 조종사용 선글라스는 더욱 유명해졌다. 그 이후 영화 탑건 Top Gun 에서도 Tom Cruise 와 Val Kilmer가 Ray Ban을 착용하고 열연을 벌인 것이 다시금 Ray Ban 열풍을 불러일으켰다. 앞으로도 조종사들의 Ray Ban 사랑을 계속될 것으로 보인다.

Ray Ban을 쓰고 필리핀에 상륙한
Douglas MacArthur 장군

조종사는 자동비행과 수동비행을 번갈아 한다?

이제 민간항공기에 자동비행장치 Auto Pilot가 장착되어 있다는 사실을 모르는 사람은 거의 없다. 항공기가 순항 중에는 대부분 자동비행으로 날아다닌다고 보면 정확하다.

그렇다면 이착륙 과정은 어떨까? 이륙은 대부분 조종사가 수동비행 Manual Flight 상태로 한다. 물론 일정 고도를 잡자마자 자동비행 Auto Flight으로 전환한다.

착륙과정은 어떨까? 현대 항공기는 자동 착륙 Auto Landing 기능이 있어 항공기가 알아서 활주로에 착륙한다. 조종사는 조종간에 손을 대고 만약의 사태에 대비할 뿐 측풍에 대한 미세한 조종까지 자동조종 컴퓨터가 알아서 하고 활주로에 접지하기 직전 기수를 약간 들어 Main Landing Gear가 먼저 지면에 닿게 하는 조종의 꽃인 flare 조작도 컴퓨터가 척척 해낸다.

이렇게 신뢰성 있는 자동 착륙에 100% 맡기지 않고 일부 착륙은 수동비행을 고집하는 이유는 무엇일까? 정답은 조종사들의 기량을 유지하기 위해서이다. 만약 계속 자동 착륙에만 의지한다면 얼마 지나지 않아서 조종사들은 착륙 조작에 익숙하지 않게 된다. 마치 내비게이션에만 의지해 다니는 운전자가 내비게이션이 고장 나면 목적지를 찾지 못하고 헤매는 것과 같은 이치이다.

항공기가 착륙할 때 몸으로 느껴보자. 이 비행기가 컴퓨터 조작으로 내리고 있는 것인지 아니면 조종사의 조작으로 내리고 있는 것인지를!

자동비행에 적합한 첨단 조종석

Tail Strike?

    Tail Strike는 항공기가 이륙하거나 착륙하는 과정에서 기수가 과도하게 들리게 되어 동체 꼬리 부분 아래 면이 활주로 노면과 충돌하는 사건을 말한다.

    Tail Strike는 비행자세가 안정적이지 않았다는 의미에서 바람직하지 않지만, 돌풍 등 기상상태에 따라서 피치 못하게 발생하는 경우도 있다. 항공기 제작회사는 경미한 Tail Strike 발생 시 동체를 보호하기 위하여 Tail Strike shoe 즉 신발을 장착하여 피해를 최소화하도록 설계하고 있다.

    대한민국 항공법규에는 경미한 Tail Strike는 준사고로 동체가 파손되어 수리가 필요한 비교적 심각한 경우에는 사고로 분류한다.

B767 Tail Strike Shoe

가까이하기엔 너무 먼? Near Miss

공중에서 항공기간에 지나치게 가깝게 접근하여 충돌할 뻔한 사건을 근접비행near miss 또는 스치기 사고라고 한다. 항공기는 고속으로 비행하기 때문에 스치기만 하여도 대형 참사로 이어질 수 있으므로 조종사와 관제사는 항공기간 분리기준을 지키려고 노력하고 있으며 일반적으로 수평으로 3-8nm, 수직으로는 1000-2000feet를 분리하고 있다. 조종사와 관제사들의 이러한 노력에도 불구하고 공중에서 near miss 사건은 종종 발생하고 있으며 항공기에 장착된 공중충돌경고장치가 작동되고 이에 따른 회피 기동을 통해 겨우 충돌을 면하는 경우도 있다.

2001년 1월 31일 일본 동경 인근에서 발생한 일본항공 소속 B747-400 JAL907편, 427명 탑승, DC-10 JAL958편, 250명 탑승 항공기들의 근접비행 사건은 대표적인 near miss 사례로 약 35feet 11m 거리까지 근접됐으며 회피조작 과정에서 100여 명의 승객과 승무원이 부상을 당한 사건이었다. 당시 관제사는 JAL907편에 상승지시를 하려고 하였으나 있지도 않은 JAL957편에 상승지시를 하는 오류를 범했으며 본사건 관련 지루한 소송 끝에 2008년 4월 11일 일본 법정은 관제사와 관제 감독관의 유죄를 판결한 바 있다. 이처럼 관제사들은 공중에서 항공기들이 필요 이상 접근하지 않도록 부단히 노력하고 있다. 항공기들은 서로 가까이하면 안 되는 운명을 갖고 태어났기 때문이다.

JAL907편과 JAL958편의 Near Miss

부드러운 착륙을 좋아하시나요?

항공기가 착륙할 때 내리는지도 모를 정도로 부드럽게 착지하는 경우도 있지만, 깜짝 놀랄 정도로 쿵 하고 내리찍는 경우도 있다. 당신은 어떤 착륙을 좋아하는가?

대부분 사람들은 부드럽게 내리는 조종사를 최고라고 여기지만 꼭 부드러운 것이 좋은 것만은 아니다. 부드럽게 내린다는 이야기는 활주를 부드럽게 하려고 착륙 속도는 최대한 줄이고 접지하기 바로 직전에 기수를 약간 드는 즉 전문용어로 flare 조작을 해야 한다. 따라서 활주로 길이가 짧은 공항에서는 잘못하면 활주로를 over 할 가능성도 있다. 또한, 비나 눈이 와서 미끄러운 활주로 slippery runway 노면 상태에서는 부드러운 착륙보다 오히려 강하게 접지하는 firm landing이 권고된다.

firm landing을 하면 착륙활주 거리가 상당히 줄어든다. 과도하게 강한 접지는 항공기 기체와 바퀴다리 Landing Gear에 좋지 않은 영향을 줄 수 있다. 과도한 강한 접지를 hard landing이라고 한다. 항공기 제작사마다 hard landing의 기준은 다르지만, 중력가속도(g)의 2.5배 내지 3.5배를 hard landing의 기준으로 정하고 이 수치가 넘어갈 경우에는 기체와 바퀴다리에 대하여 hard landing 체크리스트에 따라 특별 점검을 하고 이상이 없는 경우 다음 비행에 투입한다. hard landing을 한 경우 대부분 기장이 보고하지만, 비행기에 장착된 ACMS Aircraft Condition Monitoring System 또는 QAR Quick Access Recorder 자료를 가지고 착륙 시 강도가 어느 정도였는지 수치적으로 확인할 수 있다.

Hard Landing으로 기체가 손상된 B737 항공기

항공정보간행물에는 어떤 내용이 들어 있나요?

국제민간항공기구는 각 회원국이 항공정보간행물AIP: Aeronautical Information Publication을 발행하여 소관 비행정보구역 내의 항공기 항행에 필수적인 정보를 항공종사자에게 제공하도록 규정하였다.

AIP를 확인하면 해당 국가에서 비행할 때 필요한 제반 정보를 얻을 수 있다. AIP는 크게 3part로 구분되는데 일반GEN에는 항행업무 관련 소관기관의 설명, 시설의 국제적 사용에 필요한 일반조건, 국내규정과 국제규정의 중요 차이점이 수록되어 있으며 항로ENR에는 비행정보구역, 항공로, 비행제한구역 등 항해에 필요한 정보가, 비행장AD에는 공항에 대한 일반정보, 공항 운영시간, 활주로 제원, 출 도착 비행절차 등이 수록되어 있다. 대한민국은 2010년 12월부터 책자 형태로 발행되어 오던 AIP를 전면 디지털화 하여 인터넷과 DVD 형태인 e-AIP로 제공하고 있다.

조종사들은 다른 국가를 비행하려면 해당 공항의 AIP를 확인해야 한다. 그러나 여러 나라 상공을 지나는 비행인 경우 항로 상 모든 국가의 AIP를 확인하기는 매우 번거롭다. 따라서 손쉽게 이용하는 것이 미국회사인 Jeppesen Sanderson사가 제작하는 Jeppesen Chart이다.

Jeppesen Chart에는 전 세계 모든 항로와 공항에 대한 정보가 수록되어 있다. 조종사가 들고 다니는 네모난 형태의 가방에는 이 Jeppesen Chart가 들어있다고 보면 틀림없다. Jeppesen Chart에 수록되는 사항은 각 국가가 발행하는 AIP를 근거로 작성되고 있다. 최근에는 Jeppesen도 Digital 형식으로도 발행되고 있어 A380 같은 항공기는 조종석에 설치된 화면에서 확인할 수 있다.

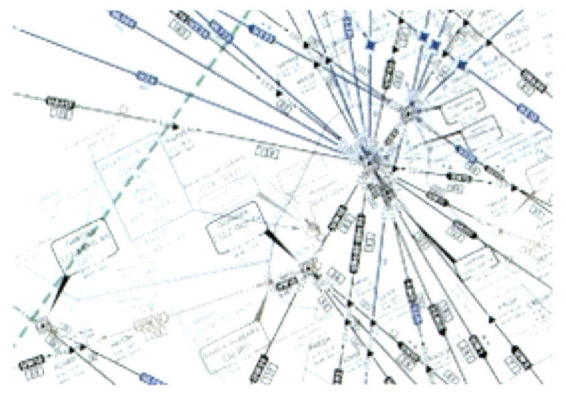

AIP에 수록되는 항공로지도

캐빈승무원도 비행시간 제한이 있나요?

캐빈승무원의 비행근무시간 대비 휴식시간 기준은 조종사보다는 완화되어 규정항공법시행규칙 제143조의2되어 있다. 기본 원칙은 24시간 기준으로 14시간 비행근무를 한 경우 8시간 이상을 휴식을 취해야 한다. 또한, 연속 7일마다 연속되는 24시간 이상의 휴식을 취할 수 있어야 하는데 이는 국내선에 탑승하는 캐빈승무원을 위한 배려 제도이다.

캐빈승무원의 승무 시간 기준은 항공사와 캐빈승무원 노동조합과의 타협에 따라 결정되는 경우가 많은데 어떤 경우라도 연간 승무 시간이 1천200시간을 넘어서는 안 되도록 항공법에 규정되어 있다.

《캐빈승무원의 비행근무시간 및 휴식시간 기준》
- 항공법시행규칙 제143조의2관련 -

캐빈승무원 수	비행근무시간	휴식시간
최소 캐빈승무원 수	14시간	8시간
최소 캐빈승무원 수에 1명 추가	16시간	12시간
최소 캐빈승무원 수에 2명 추가	18시간	12시간
최소 캐빈승무원 수에 3명 추가	20시간	12시간

※비고 : 항공운송사업자는 캐빈승무원이 연속되는 7일마다 연속되는 24시간 이상의 휴식을 취할 수 있도록 해야 한다.

캐빈승무원은
비행기에 몇 명이 탑승하도록 규정되어 있나요?

항공기에는 몇 명의 캐빈승무원이 탑승하는 것이 정상일까? 우리 항공법규 항공법 제00조에는 여객운송에 사용하는 항공기로 승객을 운송하는 경우에 항공기에 장착된 승객의 좌석 수에 따라 그 항공기의 객실에 다음 표에서 정하는 수 이상의 캐빈승무원을 탑승시키도록 규정되어 있다.

《항공기 좌석 대비 캐빈승무원 수》

장착된 좌석 수	캐빈승무원 수
20-50석	1명
51-100석	2명
100-150석	3명
151-200석	4명
201석 이상	5명에 좌석수 50명을 추가할 때마다 1명씩 추가

특이한 점은 탑승객 수가 아니라 좌석 수에 따라 캐빈승무원 수가 결정된다는 것이다. 극단적인 경우 500개의 좌석이 장착된 A380 여객기의 경우 승객이 단 5명밖에 없더라도 캐빈승무원은 9명이 탑승해야 규정을 만족하게 할 수 있다는 것이다. 캐빈승무원의 가장 중요한 임무는 기내 서비스보다는 비상시 탈출을 돕는 안전임무인 것임을 강조하는 대목이다.

A380에 탑승하는
Singapore Airlines 캐빈승무원

비행을 자주 하면 방사선에 많이 투사된다는데 건강에 영향은 없나요?

고고도를 비행하는 북극 항로의 경우 우주방사선에 투사될 확률이 높다. 우리 법령 생활주변방사선안전관리법에는 항공기 승무원같이 상시로 방사선에 노출될 수 있는 종사자를 보호하기 위한 관련 규정을 두고 있다.

항공법령 항공법시행규칙 제133조(방사선투사량계기)에는 항공운송사업용 항공기 또는 국외로 운항하는 비행기가 평균해면으로부터 1만5천m 4만9천ft를 초과하는 고도로 운항하려는 경우에는 방사선투사량계기 Radiation Indicator 1기를 갖추도록 하고 방사선투사량계기는 투사된 총 우주방사선의 비율과 비행 시마다 누적된 양을 계속해서 측정하고 이를 나타낼 수 있어야 하며, 운항승무원이 측정된 수치를 쉽게 볼 수 있어야 한다고 규정하고 있다.

아울러 국토교통부는 승무원에 대한 우주방사선 안전관리 규정 국토교통부고시 제2013-381호, 2013.6.27.을 제정, 승무원에 대한 우주방사선 안전관리를 철저히 하고 있다. 북극 항로 1회 운항 시 방사선량은 흉부 x-ray 1회 촬영의 약 20% 수준으로 북극 항로 1회 운항 시 약 0.08밀리시버트 mSv에 노출되는 데 반해 흉부 x-ray 1회 촬영 시에는 약 0.2-0.5밀리시버트 mSv가 인체에 조사되는 것으로 나타났다.

항공당국은 승무원에 대한 연간 방사선 노출량이 6mSv가 넘지 않도록 관리하고 있는데 이는 조종사 1명이 인천/뉴욕 노선을 연간 약 65-90회 비행 시 노출 예상량이다. 이와 별도로 임신 또는 모유 수유 중인 승무원에 대하여는 지상근무로 전환하는 등 비행으로 인한 방사선 노출 예방에 신경을 쓰고 있다.

그러나 항공기에 탑승하는 승객의 경우 비행에 따른 우주방사선 영향이 미미하여 별도의 규정을 정하고 있지 않다. 비행횟수가 연간 60회에 달하지 않는 한 우주방사선으로 인한 인체 유해 여부는 걱정하지 않아도 될 성 싶다.

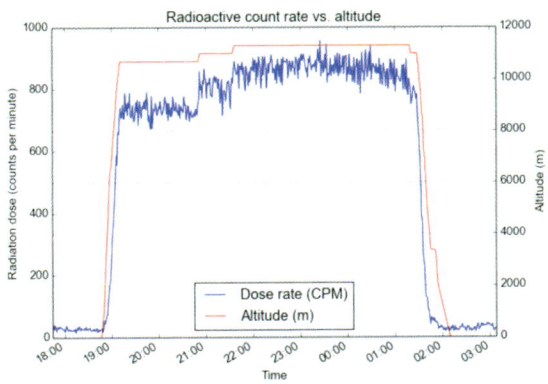

고도별 방사량 투시량

북한 영공을 통해 비행할 수 있다? 없다?

없다가 정답이다. 냉전 시대에는 북한 영공을 민간항공기가 통과한다는 것은 상상도 못 할 일이었다. 그러나 북한 영공을 통과할 경우, 러시아행 항공기는 약 1시간, 미국으로 향하는 항공기는 약 30분에서 40분 정도를 단축할 수 있으므로 북한 영공 통과는 항공사 입장에서는 늘 원하는 일이었다.

대한민국에서 출발하여 미국으로 향하는 항로는 가장 북쪽의 북극 항로 Polar route가 있는데 이는 주로 미국 동부로 비행할 때 사용된다. 미국 서부로 가는 항로는 북한 비행정보구역FIR; Flight Information Region을 통과하는 캄차카 항로와 그 남쪽의 북태평양 항로NOPAC route가 있는데 북태평양 항로는 캄차카 항로보다 약 40분가량 더 소모된다.

남북한은 97년 10월 상대방 공역 내의 항로 설정 및 이용을 위한 남북 항공교통관제소 간 양해각서를 체결, 98년부터 미국과 러시아 등지를 운항하는 국내 항공기들이 본격적으로 북한 영공을 통과해왔다. 북한도 영공을 통과하게 해주는 대신에 영공통과료를 징수할 수 있으므로 특별한 투자 없이 외화벌이할 수 있는 좋은 소재였다.

2002년부터 2008년까지 국내 양대 항공사가 영공통과료로 북한 측에 지급한 돈은 142억여 원에 달했다. 항공기 한편 당 북한 공역 통과료는 약 83만 원 정도다. 항공기가 한 시간 정도 더 비행하면 약 400만 원 정도가 소요되니 항공사는 영공 통과료를 내도 이익이었다.

그러나 북한의 천안함 격침 이후 발표된 5.24 조치로 북한 영공통과는 현재까지 중지된 상태이다. 남북한 관계가 정상화 되면 민간 항공기가 북한 공역을 통과하게 되어 비행시간도 줄어들고, 연료소비도 적게 되며 북한은 수익을 얻을 수 있는 일석삼조의 효과가 있을 것으로 기대된다.

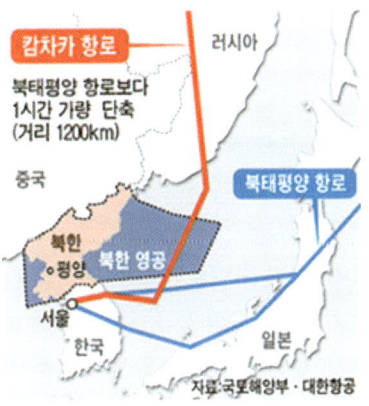

캄차카 항로와 북태평양 항로

외국에 착륙한 우리나라의 항공기 정비는 누가 어떻게 하나요?

우리 국적 항공기가 외국에 착륙했는데 항공기에 이상이 있는 경우 누가 정비를 할까?

두 가지 방법이 있다. 하나는 우리 정비사가 항공기에 탑승하거나 현지에 우리 정비사를 근무시켜 정비작업에 투입하는 방법이다. 다른 하나의 방법은 해당 공항의 항공기 정비조직을 검사하여 정비능력이 인정될 경우 우리 항공기를 정비할 수 있도록 위임하는 것이다.

관련 법규_{항공법 제64조 국외 정비확인자 인정서 발급}에는 국토교통부 장관이 국외 정비확인자의 인정서를 발급할 수 있도록 규정되어 있으며 이때에는 국외 정비확인자가 안전성을 확인할 수 있는 항공기의 종류, 등급 또는 형식을 정하게 되어 있다. 일반적으로 이러한 정비확인자를 AMO_{Approved Maintenance Organization}이라고 부르며, AMO의 인정 유효기간은 1년으로 하고 있다.

AMO는 외국 항공기에 대한 정비작업 대행을 통해 기업이윤을 창출하고 AMO를 활용하는 외국 항공사는 정비사를 현지근무 시키는 비용을 절감하는 win-win 상황이 된다. 그러나 일반적으로 AMO는 자사 항공기 정비를 우선하고 작업시간에 따른 요율이 형성되기 때문에 정비시간이 비교적 오래 걸리는 단점이 있다.

Aircraft Maintenance Organization

항공기배출가스 감소방안

지구 온난화에 대한 걱정과 이를 해소하기 위한 각종 방안이 전 세계적으로 추진되고 있다. 지구 온난화에 항공기 배출가스가 미치는 영향은 2% 미만으로 미미하다. 그러나 항공기 배출가스는 고고도에서 발생하며 오존층에 직접 영향을 미치기 때문에 심각한 것이다.

EU는 EU 영공으로 들어오고 나가는 항공기에 대하여 배출가스 부담금을 부과하려 하였으나 국제사회의 반발로 지연되고 있다. 그러나 EU는 국제사회가 실질적인 배출가스 부담제도를 만들어 내지 못할 경우 독자적인 부담제도를 시행할 수밖에 없다고 주장하고 있다. 따라서 항공기 배출가스를 줄이려는 노력이 정부, 항공사에 의해 추진되고 있다. 배출가스를 가장 효과적으로 감소시키는 방법은 연료효율이 높은 신형 항공기와 신형 엔진으로 교체하는 것이다. 최신 항공기는 구모델 항공기보다 15-20% 연료가 절감되는 것으로 항공기 제작사들은 발표하고 있다. 그다음은 항공기 무게를 줄이는 것이다. 항공사들은 불필요한 물건은 기내에 탑재하지 않으려 하고 심지어는 물탱크도 사용량에 따라 떼어내고 있다.

항공교통관제기관은 항공기 입출항 절차를 개선하고 위성항법기술을 활용하여 항로를 직선화하고 연속강하접근CDA : Continious Descent Approach 등의 첨단 관제기술을 활용하여 연료를 절감하고 있다. 또한, 보조동력장치APU : Auxiliary Power Unit의 사용을 최소화하고 항공기가 착륙한 다음 유도로에서는 한쪽 엔진을 끄고 이동하는 방법도 동원되고 있다. 이와 병행하여 화석연료 대신에 식물, 해조류에서 추출한 바이오-제트연료Bio-Jet fuel를 사용하는 비행이 시도되고 있다.

A380은 몇 초 만에 승객을 탈출시켜야?

세월호 사건시 승객들에 대한 탈출지시가 없었던 것이 대형 인명사고의 원인으로 지적되고 있다. 항공기 사고 시에는 몇 초 만에 승객을 탈출시키도록 규정하고 훈련하고 있을까?

항공기 제작사 및 항공사들은 기종과 관계없이 탑승한 모든 승객을 90초 이내에 탈출할 수 있음을 증명하여야 한다. 1965년에 미국연방항공청 FAA: Federal Aviation Adminstration은 1965년에 항공기에서 120초 만에 모든 승객과 승무원이 탈출하도록 규정했다가 1967년에 현재와 같은 90초 규정을 도입하였다 AC 25.803-10. 우리나라를 포함한 많은 국가가 미국과 같은 규정을 적용하고 있다.

항공기 제작사들은 해당 기종의 형식증명 Type Certificate을 신청할 때 승객 탈출이 쉽게 설계되었으며 실제로 90초 이내에 모든 승객이 탈출할 수 있음을 증명하여야 하며 항공사들도 운항증명 AOC; Air Operator Certificate을 획득하려면 승무원들을 잘 훈련시켜 탈출이 정해진 시간 내에 완료될 수 있음을 감독관 입회하에 보일 수 있어야 한다.

이러한 승객탈출능력시범에 있어 전제조건은
① 야간상황일 것
② 승객 중 30%는 여성, 5%는 60세 이상을 포함할 것
③ Demonstration에 참여하는 승객들은 6개월 이내에 유사한 훈련경험이 없어야 하고
④ 항공기 출입문의 50% 이상을 사용하면 안 되게 되어있다.

따라서 500여 명이 탑승하는 A380이던 160명이 탑승하는 B737이던 사고 발행 90초 만에 모든 승객은 항공기에서 탈출하도록 규정되어 있고 승무원들은 반복적인 훈련을 통해 제한 시간 이내에 탈출을 완료시키고 있다.

비상탈출(Emergency Evacuation)

항공기와 날씨 - 항공기와 바람

이착륙 때는 앞바람, 순항 때는 뒷바람이 좋아

가끔 강풍 때문에 항공편이 취소되었다는 보도를 접하게 된다. 바람은 항공기 운항에 어떠한 영향을 미치는지 살펴본다.

비행기는 바람에 민감하여서 공항에 이착륙할 때 기준치 이상의 바람이 부는 경우 아예 해당 공항 관제기관에서 입출항 허가를 허락하지 않는다. 장거리를 비행해 와 목적지 공항 상공에 도달했는데 바람의 강도가 착륙 기준치 이상일 경우에는 부득이하게 주변의 다른 공항으로 회항했다가 기상 상태가 호전되기를 기다려 다시 목적지 공항으로 가야 한다. 이런 경우 대체공항 Alternate Airport 에 착륙했다고 한다.

일반적으로 기상청에서는 바람이 불어오는 방향에 따라 남서풍이니 북동풍이니 하고 부르지만, 항공에서는 항공기를 중심으로 앞쪽에서 뒤로 부는 바람을 정풍 Head Wind, 반대로 뒤에서 앞쪽으로 부는 바람을 뒷 바람 Tail Wind, 옆에서 부는 바람을 측풍 Cross Wind 이라고 하며 그 밖에 지상에서 하늘쪽으로 부는 바람을 상승풍 Up-Draft, 하늘에서 지상으로 부는 경우 하강풍 Down-Draft, 갑작스럽게 예상치 못하는 빠른 바람인 돌풍 Gust 등 다양한 바람의 명칭이 있다.

항공기는 이·착륙 시에는 정풍을 받으면서 뜨고 내리는 것이 유리한데 이는 이륙 시에는 날개에서 발생하는 양력이 높아지므로 짧은 거리에서 이륙할 수 있기 때문이며 착륙 시에도 조종이 쉽고 제동거리도 짧아지기 때문이다. 따라서 관제탑에서는 항공기가 정풍을 받으면서 이·착륙할 수 있도록 바람 방향에 따라 사용 활주로를 바꾸어 조종사들이 안전하게 비행할 수 있도록 도와준다.

어떤 경우에도 반갑지 않은 경우가 측풍인데 측풍이 심한 경우에는 착륙과정에서 조종사들은 옆바람의 영향을 상쇄할 수 있는 만큼의 방향타 Rudder와 Aileron을 사용하여 마치 게crab가 옆걸음 하듯이 보인다고 하여 crab landing한다고 한다. 사실 측풍에서 crab landing하는 장면은 조종하는 당사자는 긴장감에 힘들고 복잡한 조작 과정이지만 보는 사람은 예술작품처럼 보인다. 유튜브에서 'crab landing'으로 검색하면 위험천만한 crab landing을 성공적으로 수행하는 아름다운 모습을 감상할 수 있다.

항공기 제작사들은 기종별로 안전한 이·착륙을 위해 허용되는 풍향별 세기를 정해 놓았는데 정풍은 풍속제한이 거의 없지만 측풍은 Boeing 737의 경우 30노트knots 등으로 규정하고 있으며 항공사들은 이 수치보다 더욱 엄격한 수치를 책정하여 안전을 꾀하고 있다.

우리나라는 겨울철에는 시베리아에서 발생하는 고기압이 영향으로 북서풍이, 여름철에는 북태평양 고기압의 영향으로 남동풍이 주로 분다. 따라서 우리나라의 공항들은 김포공항이나 인천공항처럼 북서·남동 방향으로 건설하여 바람의 영향을 적게 받게 만들었다. 제주·양양·울진 공항의 지형적인 영향으로 해안과 평행하게 건설된 활주로는 바다에서 육지로 불어오는 해풍의 영향으로 측풍의 영향을 받는 날이 많아 조종사들에게 어려움을 준다.

Crab Landing

시계비행과 계기비행의 차이점은?

라이트형제가 인류 최초의 동력비행을 했을 때는 당연히 육안으로 지형지물과 장애물을 확인하는 시계비행 방식으로 비행했다.

항공기의 성능과 항행안전시설이 발달하게 되자 현대에는 육안확인 방식보다는 전파의 유도에 따라 혹은 위성항법을 활용한 과학적인 비행방식이 활용되고 있다. 시계비행에 대칭되는 비행개념이 계기비행 방식이다.

'시계 비행 기상상태'란 항공기가 항행할 때의 가시거리 및 구름 상황을 고려하여 시계상 양호한 기상상태를 말하며 고도 10,000ft 이상은 비행시정 8,000m, 구름으로부터 수평 1,500m, 수직 300m를 적용한다. 고도 10,000ft에서 3,000ft는 비행시정 5,000m가 되어야 하며 고도 3,000ft 이하는 비행시정 5,000m 이상이 되어야 시계비행을 할 수 있다. 다만 다른 항공기나 장애물을 보고 피할 수 있는 속도로 움직이는 경우에는 1,500m까지도 가능하다.

시계 비행 기상상태를 충족하지 못할 경우에는 계기비행을 하여야 하며 계기비행을 위해서는 항공기가 계기비행에 적합한 장비를 갖추어야 하고 조종사도 계기비행 자격증명을 취득하여야 한다.

제트기류는 왜 제트기류인가?

제트기류Jet Stream를 타면 우리나라에서 미국으로 가는 경우 한 시간 이상 비행시간을 단축할 수 있다. 제트기류는 풍속이 시속 약 90km50노트 이상인 상층의 강한 기류를 일컫는 말이며 중심 풍속이 겨울에는 시속 약 300km까지 달하는 강한 서풍계열의 기류로 우리나라를 기준으로 서에서 동쪽으로 부는 바람이다. 말이 시속 300km이지 이 정도 속도라면 경비행기는 최대 속력으로 비행하여도 제자리걸음을 하거나 뒤로 후퇴할 정도의 빠른 바람 속도이다.

1939년 독일의 기상학자 Heinrich Seikopf가 독일말로 Strahiströmung jet streaming이라고 부른 것이 Jet Stream이라는 바람의 명칭이 된 것이라 한다.

제트기류는 공기의 대류와 지구의 자전과 연관이 있는 코리올리 효과 coriollis effect의 혼합작용에 의해 만들어지는 자연 현상이다. 제트기류는 미국행 비행기의 운항에는 도움을 주지만 미국에서 우리나라로 돌아오는 비행편에는 정풍으로 작용하여 비행시간이 늘어나며 늘어나는 비행시간에 따라 연료도 많이 소모하게 되어 제트기류가 심하게 부는 경우에는 연료가 바닥나 인천공항까지 못 오고 일본 나리타공항에 비상착륙하는 경우도 간혹 발생한다.

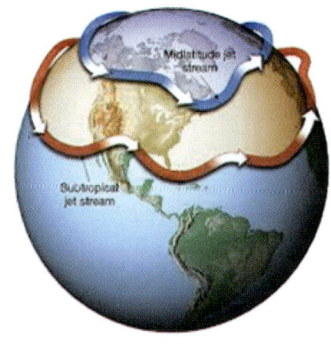

Jet Stream

안개가 끼면 착륙할 수 없나요?

안개가 짙게 낀 날 항공기의 지연·결항 뉴스를 많이 접할 수 있다. 첨단 항공기는 시계비행이 아닌 계기비행을 한다고 하는데 왜 안개가 끼면 이착륙이 안 되는 것일까?

항공기가 공항에 접근해서 최종적으로 착륙을 결심할 때 조종사는 활주로를 육안으로 확인해야만 한다. 활주로를 육안으로 확인할 수 있는 거리를 활주로 가시거리RVR ; Runway Visual Range라고 한다. RVR 기준에 따라 정밀접근 등급을 Category Ⅰ, Ⅱ, Ⅲ로 나누어 놓았으며 그중에서도 가장 정밀한 접근을 의미하는 Category Ⅲ는 다시 CAT Ⅲ-A, CAT Ⅲ-B, CAT Ⅲ-C로 구분하여 놓았다.

CAT Ⅰ 결심고도DH; Decision Height 60m 상공에서 RVR이 550m 이상이 확보되어야 착륙할 수 있다. 반면 CAT Ⅱ는 결심고도가 30m까지 내려오고 RVR이 300m까지 줄어들어도 착륙할 수 있다.

제주공항은 CAT Ⅱ로 운영되는 공항이다. 김포공항과 인천공항은 CAT Ⅲ까지 정밀도가 높아진다. 인천공항에서 운영 중인 CAT Ⅲ-B의 경우 결심고도 15m 미만에서 RVR 50m까지 착륙할 수 있다. CAT Ⅲ-C의 경우에는 RVR 0까지 착륙할 수 있는데 바퀴가 활주로에 접지하는 순간까지 활주로가 보이지 않아도 착륙할 수 있다는 의미이다.

공항시설이 정밀접근 등급을 받았다고 안개가 낀 상태에서 모든 항공기가 착륙할 수 있는 것은 아니고 항공기의 성능, 항공기를 조종하는 조종사의 기량조건이 맞아야 정밀계기접근이 가능하다. 이 중 하나라도 조건이 충족되지 않으면 기상이 좋아질 때까지 체공하면서 기다리거나 인근 공항으로 회항diversion 하여야 한다.

《정밀접근절차 결심고도/시정 또는 활주로 가시범위》

– 항공법시행규칙 제186조 계기접근 및 출발절차 등 제2항 –

종류	결심고도 (Decision Height/DH)	시정 또는 활주로 가시범위 (Visibility or Runway Visual Range/RVR)
1종 (Category I)	60m(200ft) 이상	시정 800m(1/2 마일) 또는 RVR 550m 미만
2종 (Category II)	30m(100ft) 이상 60m(200ft) 미만	RVR 300m 이상 550m 미만
3A종 (Category III-A)	30m(100ft) 미만 또는 적용하지 아니함	(No DH)RVR 175m 이상 300m 미만
3B종 (Category III-B)	15m(50ft) 미만 또는 적용하지 아니함(No DH)	RVR 50m 이상 175m 미만
3C종 (Category III-C)	적용하지 아니함(No DH)	적용하지 아니함(No RVR)

헬기는 비가 오면 운항할 수 없나요?

비가 내리는 것과 헬리콥터의 운항과는 직접적인 연관은 없다. 다시 말해 비가 오더라도 헬리콥터는 운항할 수 있다는 것이다. 다만 비가 오는 날은 바람도 많이 불고 시정이 좋지 않기 때문에 일반적으로 헬리콥터가 운항할 수 있는 조건이 되지 않는 경우가 많다. 우리나라에서는 일반적으로 헬리콥터는 시계비행 방식으로 비행하기 때문에 헬기 운항에 있어 시정은 매우 중요한 요소이다.

최근에 출시되는 고급 헬리콥터는 계기비행을 할 수 있는 장비가 갖추어져 있어 기상상태가 악화되면 계기비행으로 전환하면 안전하게 비행할 수 있다. 그러나 헬리콥터에 아무리 계기비행에 필요한 장비가 완벽하게 갖춰져 있다 하더라도 조종사의 훈련이 되어 있지 않은 경우 무용지물이 될 수밖에 없다. 시계비행 기상조건은 언제라도 계기비행 기상조건으로 바뀔 수 있고 지형지물이 육안으로 확인되지 않는 경우에는 관제기관의 도움을 받아 안전하게 공항으로 돌아오는 것이 최선이기 때문이다. 그동안 발생한 헬기사고는 대부분 기상이 악화되어 자신의 위치파악이 안 되는 상태에서 운항하다가 지형지물과 충돌하는 형태였다.

헬기 운항에 또 한가지 저해 요소는 겨울철 운항이다. 러시아제 헬기는 시베리아 기후를 반영하여 회전날개(rotor blade)에 방빙장치가 설치되어 있지만, 서방에서 제작한 헬기는 방빙장치가 설치되어 있지 않은 경우가 대부분이다. 눈이 오거나 습기가 많은 겨울날 헬기 회전날개에 얼음이 붙게 되면 아주 위험한 상태가 초래되기 쉬우므로 주의해야 한다.

위성항법시대

요즈음에는 자동차 내비게이션도 위성항법시스템Global Positioning System 신호를 활용하여 위치와 속도정보를 이용한다. 터널 속으로 들어가면 GPS 신호를 수신할 수 없으므로 속도가 0으로 표시된다.

항공기의 경우 GPS를 활용한 항법기술 적용 범위를 넓혀가고 있다. 공중을 비행하는 항공기의 경우 GPS 신호수신에 아무 문제가 없기 때문이다. 그러나 항공기는 여러 사람이 탑승한 가운데 고속으로 비행하기 때문에 GPS 사용에 있어 여러 가지 사전에 조치하여야 할 사항이 많다.

우선 GPS 신호가 자동차 내비게이션보다는 정밀하고 안정적으로 공급될 필요가 있다. 따라서 미국, 일본, 유럽, 인도 등은 GPS 신호를 항공기에 사용하기에 적합하도록 안정성과 정밀도를 높여주는 보정시스템인 SBASSatellite Based Argumentation System를 정지궤도 위성에 탑재하여 해당 지역에 서비스하고 있다. 대한민국도 SBAS 사업에 힘쓰고 있는데 이를 게을리할 경우 위성 신호 주권이 일본에 종속될 수 있기 때문이다.

위성 신호에 대한 독립은 매우 중요한데 현재 미국이 서비스하는 GPS가 무료로 전 세계에 신호를 보내주고 있지만, 유럽이 갈릴레오 위성사업을 추진하고 러시아도 독자적인 위성신호 사업을 추진하는 것이 그 이유이다. GPS를 활용한 항법은 지상 장비가 거의 필요 없으므로 매우 효과적이고 경제적이며 항공교통관제 입장에서도 흐름관리flow management 또는 TBOTrajectory Based Management에 유리하기 때문에 확대일로에 있다. 그러나 북한의 GPS 교란시도 등 GPS 신호에 문제가 있는 경우 항공기 운항에 치명적이기 때문에 아직도 관성항법장비Inertia Navigation System 와 정밀접근시스템Instrument Landing System은 앞으로도 상당 기간 병행하여 사용될 것으로 전망된다.

민간항공기에 대한 전투기의 공격?

   1983년 9월 1일 대한항공 007편이 뉴욕을 출발, 앵커리지를 경유 김포공항으로 향하다가 사할린 상공에서 소련 전투기의 공격으로 격추되어 탑승자 269명 전원이 사망하는 사고가 발생했다. 미국은 소련이 민항기를 의도적으로 격추했다고 비난했고 소련은 미국 정보기관이 해당 항공편을 정보 수집 목적으로 활용했다고 주장했다. 007편 격추사고와 관련해서는 여러 가지 설이 난무하며 관련 논문, 책자도 여러 권 발행됐고 현재도 관련 자료를 연구하는 학자들이 적지 않다. 본 사건을 계기로 국제민간항공기구는 이듬해인 1984년 「시카고협약」을 개정하여 민간항공기의 군 항공기 요격절차를 만들었다. 「시카고협약」 3bis가 그것이며 대한민국이 「시카고협약」에 기여한 유일한 조항이다.

   2014년 7월 17일 말레이시아항공 소속 MH17편B777-200이 암스테르담을 출발, 쿠알라룸푸르로 향하다 우크라이나 상공에서 미사일에 격추되어 승객 283명, 승무원 15명이 사망하는 사고가 발생하였다. 대한민국 국적 항공사들은 해당 지역에 정부군과 반군의 전투가 시작되자 항공기들을 우회시켜 비행하였다. MH17편 사고에 대하여도 국제민간항공기구 차원의 대책이 강구되고 있으나, 반군 지역에 추락한 항공기에 대한 사고조사는 매우 험난한 앞날이 예고된다.

소련기에 격추된 대한항공 007편

우크라이나 상공에서 격추된 MH17편

episode
006

항공운송

국제민간항공기구는 무슨 일을 하는 기구인가요? / 시카고조약은 항공의 기본법?
항공기 기내는 어느 나라 영토로 봐야 하나요? / 소형항공운송사업은 어떤 것을 말하나요?
항공운송사업은 어떻게 구분되나요?
항공운송사업 이외에 항공관련 사업은 어떤 것들이 있나요? / 저비용항공사의 기준은?
우리나라에는 몇 개의 항공사가 있나요? / 하늘의 자유에는 어떤 것들이 있나요?
항공협정 / 「버뮤다협정」은 무엇을 발하나요? / 기술착륙이란 무엇인가요?
이원 5자유란 무엇을 말하나요? / 환승(6자유) 운항의 장점은 무엇인가요?
3국간 운송(7자유)은 어떤 나라들이 허용 하나요?
항공에서 카보타지는 허용되지 않는다는데? / 코드쉐어 운항이란?
항공자유화가 대세인가요? / 항공회담은 어떻게 진행되나요?
수하물은 가능한 한 콤팩트하게 / 항공권 가격은 며느리도 몰라?
항공권에는 왜 입석 표가 없나요? / 비행기에서 로얄석은 어디인가요?
운수권은 어떻게 배분하나요? / 부친 수하물은 중간 기착지에서 찾아야 하나요?
수하물 분실 시 항공사의 책임은? / e-ticket의 장점은? / 마일리지의 허와 실
slot의 경제학 / 항공사의 비용구조 / 기내에서 난동 부리면 패가망신 / 항공보험
라운지 이용하기 / 고공에서는 술이 더 취한다? / 세계에서 가장 먼 비행구간은?
유류할증료는 요금인가? 세금인가? / 비행기도 사용료를 낸다? / 항공운송과 GDP
온도는 낮게 하고 담요를 나눠준다? / 승무원은 어떻게 부르는 게 좋을까요?
뚱보는 요금을 더 받아야? / 항공의 Golden Age / 비행기 날자 머 떨어진다?
승무원들은 어디에서 쉬나요?

"「버진 애틀랜틱」은 일본 노선문제로 브리티시 항공과 싸우고 있었다. 우리는 당시 일본 정부와 협상 중이던 런던-도쿄 간 주 2회 증편을 신청하고 있었다. 항공업계 이외의 사람들은 비행시간표나 노선에 아무런 관심이 없을지 몰라도, 우리에게는 그것이 생명의 피였다. 착륙할 수 있는 허가가 없으면 이륙을 할 수 없다. 버진 애틀랜틱을 확장하기 위해서는 이 싸움에서 도쿄 노선을 확보해야만 했다."

- 《나는 늘 새로운 것에 도전한다》, 리차드 브랜슨, 이남규역, 하서출판사, p351

국제민간항공기구는 무슨 일을 하는 기구인가요?

　국제민간항공기구ICAO, International Civil Aviation Organization는 UN 산하 특별기구로 1944년 「시카고협약Convention on International Civil Aviation, Chicago Convention」에 근거하여 설립되었다. ICAO는 191개 회원국 및 IATA, ACI 등 국제항공기구들과 협력하여 각 회원국의 민간항공 법령의 법적 근거가 되는 국제기준SARPs : Standards and Recommended Practices을 제·개정하는 임무를 수행하고 있다. 현재 10,000여 항목의 국제기준이 19개의 「시카고협약」 부속서Annexes로 제정되어 있으며 이러한 국제기준을 근거로 항공안전 증진을 목표로 회원국에 대한 국제기준 이행에 대하여 평가하고 그 결과를 발표하고 있다.
　ICAO 본부는 캐나다 몬트리올에 있으며 전 세계에 7개의 지역사무소를 운영한다. 아시아태평양 지역사무소는 태국 방콕에 개설되어 있다.
　ICAO의 최종 의결기구는 3년마다 개최되는 총회General Assembly이며 전 회원국이 참여한다. 평상시에는 36개 회원국으로 구성된 이사회Council에서 일반적인 사항을 심의하고 운영하며 우리나라는 2001년부터 현재까지 이사국으로 5연임 선출되고 있다.

캐나다 몬트리올에 위치한
ICAO 본부

ICAO는 민간항공의 지속 가능한 성장을 위해 일하고 있지만, 항공분야에 있어 개별 국가가 해결하지 못하는 사안에 대한 중재 역할도 수행하고 있다. 북한 미사일 발사에 대하여 이사회 의장 명의로 경고서한을 보낸다든지, 말레이시아 항공기 우크라이나 상공 격추 사건에 대하여 특별 Task Force 팀을 구성하여 재발방지대책을 마련하는 등 국제항공사회 현안에 대하여도 ICAO는 제 몫을 단단히 하고 있다.

시카고조약은 항공의 기본법?

"「시카고협약」은 훌륭한 법적 장치이다. 국제법의 성문화에 대한 오늘날의 기준과 경험으로 보아서는 이 회의 개최 전에 어떠한 다자간 사전 상담 과정을 거치지 않고 또한 회의 참석자들과 상의하여 미리 작성한 초안도 없이 37일이라는 기간에 국제민간항공협약 초안을 기초하였다는 것은 믿기가 어려운 일이다. 이 회의의 37일 기간 중 많은 날이 공식적 회의가 개최되지 않았고 각국의 대표단들은 호텔 방에 따로따로 떨어져서 비공식적인 토의를 했다."라고 캐나다 맥길 대학교의 저명한 항공법 학자 마이클 밀데Michael Milde 교수는 말했다.

제2차 세계대전이 마무리되어가는 시점에 미국의 루스벨트 대통령은 모든 연합군 국가와 중립국들을 시카고의 민간항공 다자간 회의에 초대했다. 이에 1944년 11월 1일부터 12월 7일까지 한 달 넘게 시카고 스티븐스 호텔Stevens Hotel에서 민간항공의 발전방향에 대한 치열한 논의가 진행된 후 1944.12.7일 52개국은 시카고조약에 서명했다.

소련현재의 러시아의 스탈린은 루스벨트 대통령의 초청에 응해서 대표단을 보냈다가 캐나다 퀘벡시에 도착했을 때 다시 소련으로 복귀할 것을 명령하였다. 이후 소련은 1970년대까지 시카고조약에 참여하지 않았으며 「시카고협약」에 따라 구성된 국제민간항공기구ICAO의 멤버에서 빠져있었다.

「시카고협약」 서명 (1944.12.7. 52개국 대표)

왜 스탈린이 「시카고협약」에 대표단을 보냈다가 불러 들였는지 정확한 이유는 밝혀지지 않았다. 아마도 미국 주도의 국제회의에 들러리가 되느니 불참하기로 했을 가능성이 있다고 추정된다.

시카고조약이 국제항공의 표준이 된 것은 이 조약을 통해서 '하늘의 자유' 개념이 확립되었으며 국제민간항공의 공통기준이 되었기 때문이다. 또한, 국제민간항공기구 ICAO라는 항공안전과 질서를 수립하는 기구가 생겨났다.

「시카고협약」 제1조에는 "각 회원국은 자국 영공에 대하여 배타적 주권을 가진다."라고 규정하여 영공주권에 대하여 명시하고 있다. 이렇듯 「시카고협약」은 항공기의 국제운항에 대한 기본권리와 의무를 확정하고 있으므로 모든 항공법의 기본법이라고 칭하는 것이다.

더욱이 놀라운 것은 「시카고협약」 제정 당시에는 무인기 pilotless aircraft라든지 항공기를 통한 전염병 확산방지 prevention of spreading deases by air transport 개념이 수립되지 않은 시절이었음에도 마치 미래를 예언하는 능력이 있던 것처럼 관련 조항을 마련해 놓았다는 점이다.

국제항공에서 문제가 발생하면 결국 해답은 「시카고협약」에서 찾을 수 있다. 「시카고협약」 전문은 ICAO 홈페이지에서 확인할 수 있다. 항공 관련 업무를 하고자 하는 사람은 「시카고협약」 전문을 숙독할 것을 강력추천한다.

「시카고조약」은 민간항공의 비약적 발전의 밑거름이 되었다.

항공기 기내는 어느 나라 영토로 봐야 하나요?

영화에 보면 망명자들이 쫓기다 타국 대사관으로 들어가서 주재국 경찰들이 체포하지 못하는 장면을 종종 볼 수 있다. 대사관 경내는 치외법권을 인정하는 것이다. 그렇다면 타국에 내린 항공기 기내는 어느 나라 영토로 보아야 하는가?

항공보안에 대한 국제협약인 「도쿄협약1963」의 제2장관할책임 1항에 따르면 "기내에서 벌어진 범법행위에 관한 권한은 항공기 등록국이 행사할 수 있다."라고 명시되어 있다. 따라서 항공기 기내는 운항항공사의 국가 영토로 간주한다고 생각할 수 있다. 해당 조항의 원문은 다음과 같다.

"The State of registration of the aircraft is competent to excercise jurisdiction over offences and acts committed on board."

「도쿄협약」은 '항공기 기내에 관한 범죄, 기타 행위에 관한 협약 The Convention on Offences and Certain Other Acts Committed On Board Aircraft, commonly called the Tokyo Convention'을 말한다.

그러나 항공기가 타국 영공에 진입하면 「시카고협약」 제1조에 따라 해당 국가 규정을 준수하여야 한다. 기장은 해당 국가의 항공안전감독관이 국가에서 발행한 증명서를 제시하면 항공기 기내점검을 거부할 수 없다. 따라서 항공기 기내는 항공기가 위치한 국가의 법적 영향권에 있다는 시각도 있다.

한편 항공기 기내에서 아기가 태어나면 그 아기의 국적은 어떻게 될까? 국적은 속인주의와 속지주의에 따라 결정된다. 우리나라의 경우는 태어난 장소와 상관없이 부모 중 한 사람이 한국인이면 한국 국적을 부여받을 수 있다. 한편 미국이나 캐나다는 속지주의를 채택하고 있다.

예를 들어 항공기가 해당 국가의 영공을 날고 있을 때 출산할 경우 또는 해당 항공기의 목적지가 미국, 캐나다이면 시민권 대상자로 신청할 수 있다.

2009년 암스테르담을 출발하여 보스턴으로 향하던 미국 비행기에 탄 한 우간다 여성은 캐나다 영공을 통과할 때 아기를 출산했고, 일주일 후 캐나다 정부는 이 아기에게 캐나다 시민권을 부여했다.

소형항공운송사업은 어떤 것을 말하나요?

국내 및 국제항공운송사업 외에 50석 이하의 항공기로 유상운송을 할 수 있는 형태를 소형항공운송사업이라고 한다.항공법 제132(소형항공운송사업) 비즈니스, 레저 등 다양한 항공수요의 충족을 위해 다각화된 항공운송 공급체계를 구축하기 위해 2009년 면허체계 개정시 소형운송사업을 규정하고 2011년 19인승 이하의 항공기에서 50석으로 상향토록 항공법을 개정하였다.

우리나라에서 소형항공운송사업을 등록하려면 승객 좌석 수 10석 이상 50석 이하의 항공기를 확보한 후 납부자본금 20억 이상개인은 자산평가액 30억 이상을 입증하면 된다. 2014년 기준 우리나라에는 5개의 소형항공운송사업자가 등록되어 있는데 대한항공이 고정익 2대, 헬기 5대를 보유하여 가장 규모가 크며 대부분 VIP 또는 기업인 수송 위주로 운영하고 있다.

삼성테크윈과 헬리코리아는 헬기를 각각 4대, 6대를 보유하고 운영 중이다. 고정익 항공기를 운영하는 업체는 코리아익스프레스에어가 항공기 1대로 2009년 7월부터 김포, 김해, 대구공항과 대마도 구간을 운항하였으나 2013년 7월 이후 승객 감소로 운항하지 않고 있다. 블루에어는 항공기 2대를 보유하고 부정기 전세운송 및 관광비행 위주로 운항하고 있다.

코리아익스프레스

블루에어

미국, 일본, 캐나다의 경우 주로 대형 항공항공사가 취항하기에는 채산성이 맞지 않는 지선 구간을 소형항공사가 취항하고 있는데 우리나라의 경우 공항시설 사용료 등에 대한 혜택이 부족하고 지방자치단체의 보조노선 결손액 지원도 원활하지 않아 활성화되어있지 않은 상태이다. 앞으로 울릉도와 흑산도에 소형 공항이 건설되면 소형항공운송사업도 활성화될 것으로 전망된다. 미국의 경우 소형항공 운송수요가 1990년 이후 지속적으로 증가하여 현재는 국내선 승객 5명 중 1명이 소형항공을 이용하고 있다고 한다.

　소형항공기의 항공기 규모가 큰(100석 이내) 일본은 섬나라 특성상 주요섬 4개와 유인도 263개를 연결하는 지역 노선이 발달하였고 2005년에는 연간 465만 명의 여객을 수송하였다. 영국의 경우에도 주요 국제선과 국내선이 취항하는 관문공항과 전국에 분포된 지역 및 지방의 소규모 공항을 연계하는 지역 및 지방 중소 도시 간 교통의 중심 역할을 25석 이하의 소형 항공기가 담당하고 있다.

　소형항공운송사업의 활성화는 항공안전에도 기여하게 된다. 미국과 호주의 경우에는 소형항공기를 가지고 비행시간을 축적한 조종사가 대형항공사로 옮아가는 제도가 정착되어 비행안전에 큰 도움을 받고 있기 때문이다.

미국의 소형항공운송사업용 항공기

항공운송사업은 어떻게 구분되나요?

　항공운송사업은 타인의 수요에 맞추어 항공기를 유상有償으로 여객이나 화물을 운송하는 사업을 말하며 국내항공운송사업 및 국제항공운송사업으로 구분된다. 항공법 제11조(국내항공운송사업 및 국제항공운송사업) 이는 다시 각각 공항 사이에 일정한 노선을 정하고 정기적인 운항계획에 따라 운항하는 정기편 운항과 수요에 따라 부정기적으로 운항하는 부정기편 운항으로 구분된다.

　면허요건을 살펴보면 국내항공운송사업의 경우에는 자본금 50억 원개인은 자산평가액 75억 원 이상, 항공기는 좌석 수 51석 이상의 쌍발이상 계기 비행능력을 보유한 항공기 1대 이상을 보유하여야 한다. 국제항공운송사업의 경우 자본금이 150억 원개인은 자산평가액 200억 원 이상이고 좌석 수 51석 이상의 쌍발이상 계기 비행능력을 보유한 항공기 3대 이상을 보유하여야 한다.

　그렇다면 이렇게 면허를 받은 A 항공사가 국제선 취항을 하기 위한 기본 절차를 알아보자. 면허 취득 이후 항공사는 항공기 운항에 필요한 인력, 장비, 시설, 운항관리자원 및 정비관리자원 등 안전운항체계에 대하여 운항증명AOC; Airline Operation Certification을 받아야 한다.

　이 후 국토교통부가 외국 정부와 항공회담을 통해 정한 운수권에 대하여 신청을 통해 배분을 받으면 승객을 모집하여 비로소 운항을 시작할 수 있다. 소형항공운송사업에 대하여는 별도로 설명하겠다.

항공운송사업 이외에
항공 관련 사업은 어떤 것들이 있나요?

항공기사용사업 항공운송사업 외의 사업으로 타인의 수요에 맞추어 항공기를 사용하여 유상으로 농약 살포, 건설 또는 사진촬영 등의 업무를 하는 사업을 말한다.

항공기취급업 항공기에 대한 급유, 항공화물 또는 수하물의 하역, 그 밖에 정비 등을 제외한 지상 조업을 하는 사업을 말한다.

항공기정비업 다른 사람의 수요에 맞추어 항공기, 장비품 또는 부품의 정비를 하거나 정비기술관리 또는 품질관리를 지원하는 업무를 말한다.

상업서류송달업 타인의 수요에 맞추어 유상으로 우편법 제2조 제2항에 해당하는 수출입 등에 관한 서류와 그에 딸린 견본품을 항공기를 이용하여 송달하는 사업을 말한다.

항공운송총대리점 항공운송사업을 경영하는 자를 위하여 유상으로 항공기를 이용한 여객 또는 화물의 국제운송계약 체결을 대리하는 사업을 말한다.

도심공항터미널업 공항구역이 아닌 곳에서 항공여객 및 항공화물의 수송 및 처리에 관한 편의를 제공하기 위하여 이에 필요한 시설을 설치하고 운영하는 사업을 말한다.

저비용항공사의 기준은?

LCC_{Low Cost Carrier}는 초창기에는 저가항공사로 부르다가 어감이 좋지 않다고 하여 최근에는 공식적으로 저비용항공사라고 칭한다. 상대적으로 일반 항공사들은 FSC_{Full Service Carrier}라고 부른다. 어떤 항공사를 저비용항공사라고 부르는 것일까?

저비용 항공사의 대표적인 모델인 사우스웨스트 항공_{Southwest Airline}을 살펴보면 이해하기가 쉽다. 사우스웨스트 항공은 미국의 대형항공사들이 수익을 내지 못하고 고전하고 있던 시절에 색다른 비즈니스 방식을 도입, 나 홀로 수익을 창출하면서 급격하게 성장하였다.

Southwest Airline 의 B737

사우스웨스트의 독특한 수익모델을 살펴본다면 대형항공사들이 hub & spoke 방식으로 다양한 지역을 연결하는 네트워크 구축을 추진한 반면 그들은 point to point 방식으로 특정 구간만을 운항하는 방식을 선택하였다. 당연히 해당 구간에 투입되는 항공편수가 많게 되고 승객들은 비행기를 놓쳐도 짧게 대기한 후 다음 비행편에 탑승할 수 있었다.

LCC는 예약시스템을 단순화하기 위해 좌석을 지정하지 않기도 한다. 승객들은 마치 버스와 같이 먼저 온 사람이 탑승first come, first serve하는 시스템에 크게 불편해하지 않는다. 운항시간도 짧을 뿐 아니라 좌석을 지정한다 하여도 큰 차이가 없다고 이해하는 것이다.

LCC의 비용절감 노력을 보면 눈물겹다. 일반적으로 기내에서는 식음료 서비스를 하지 않는다. 식사를 원하는 승객은 별도로 구매해야 한다. 항공기 기종을 단일화하여 정비에 드는 비용maintenance cost 및 예비품spare parts에 들어가는 비용을 줄인다. 심지어는 비용절감을 위해 조종사들에게 남는 시간에 청소를 시키기도 하고 승객들의 수하물 부치는 과정을 돕게 하기도 한다.

우리나라 LCC들은 좌석을 지정하기도 하고 식음료도 제공하는 등 FSC와 LCC를 모호하게 하는 방식으로 운영하고 있는데 그들은 소비자들이 원하기 때문이라고 설명한다. 가끔 LCC 항공권이 FCC와 큰 차이가 나지 않는다는 보도가 난다. 비용절감 전략 없이 FCC를 따라 하면 저렴한 항공권 제공이 어려운 것은 당연한 이치이다. 이래저래 FSC와 LCC를 명확하게 구분하기는 쉽지 않다.

저비용항공사

우리나라에는 몇 개의 항공사가 있나요?

　우리나라는 2014년 기준으로 대형항공사 2개, 저비용항공사 5개, 화물전용 저비용항공사 1개, 소형항공사 2개가 등록되어 운항 중이다.
　먼저 대형항공사를 살펴보면 대한항공은 1969년 한진그룹이 국영 대한항공공사를 인수하여 대한민국 최초 민간항공사로 출범하였다. 1971년 대한민국 최초 태평양 횡단 서울-LA 노선을 개척하였으며 2014년 10월 기준 148대의 항공기를 보유하고 있으며 전 세계 45개 국가 125개 도시에 취항하고 있다. 2000년 발족한 Skyteam Alliance 의 창립멤버이기도 하다.
　아시아나항공은 1988년 금호그룹이 정부로부터 항공사 경쟁체재 도입이라는 명분에 따라 제2민항 설립을 인가받아 시작되었다. 1990년 서울-도쿄 노선 취항으로 국제선 운항을 시작하였고 2014년 10월 현재 85대의 항공기를 보유하고 있으며 전 세계 23개 국가, 74개 도시에 취항 중이다. 제휴 Alliance는 Star Alliance에 속해 있다.
　저비용항공사는 제주항공, 에어부산, 진에어, 이스타항공, 티웨이 등 5개 항공사가 면허를 취득하여 운항 중이고 화물전용 항공사로 에어인천이 활동하고 있다. 그 밖에 소형항공운송사업자로 운영 중인 항공사는 코리아익스프레스 2개 회사가 등록되어 있다.

대한항공 B747-400

아시아나항공 B777-200ER

하늘의 자유에는 어떤 것들이 있나요?

「시카고협약」에서 제1자유영공통과의 자유와 제2자유기술착륙의 자유는 회원국 대부분이 별 이의를 제기하지 않고 인정하였다. 그러나 실제 유상운송 즉 손님에게 돈을 받고 비행기를 태우는 비즈니스는 국가 간 첨예하게 대립할 수밖에 없다. 하늘의 9개 자유는 다음과 같다.

구 분	내 용
제1자유 (영공통과)	일국의 항공사가 타국의 영토 위를 무착륙으로 비행할 수 있는 권리 (fly-over right)
제2자유 (기술착륙)	운송이외의 급유, 정비와 같은 기술적 목적을 위해 상대국에 착륙할 수 있는 자유 (technical landing right)
제3자유	자국 영토내에서 실은 여객과 화물을 상대국으로 운송할 수 있는 자유 (set-down right)
제4자유	상대국의 영토내에서 여객과 화물을 탑승하고 자국으로 운송할 수 있는 자유 (bring-back right)
제5자유	자국에서 출발하거나 도착하는 비행중에 상대국과 제3국간의 여객과 화물을 운송할 수 있는 권리(beyond right) 한국일본미국
제6자유	항공사가 자국을 경유하여 두 외국사이에서 운송할 수 있는 권리 (제3자유+제4자유의 결합)
제7자유	일국의 항공사가 두 외국간에 운송하는 서비스를 전적으로 외국에서 독립적으로 제공하는 권리
제8자유	자국에서 출발하여, 외국 내의 국내 지점간을 운송할 수 있는 권리 ('consecutive' cabotage)
제9자유	자국에서 출발 없이, 외국 내의 국내 지점만을 운송할 수 있는 권리 ('stand alone' cabotage)

항공협정

2008년 8월 12일 9시 45분 도쿄 미나토구, 한-일 항공회담의 첫날이다. 한국 대표단이 일본 국토교통성 5층 회의장에 들어선다. 양국 대표단의 명패가 10개씩 마주 보고 있다. 수석대표가 중앙에 앉고 그 양옆으로 수행공무원과 항공사 측 대표가 앉는다. 양측 대표단의 소개와 인사가 끝나자 이어 조용해진다. 양측이 협상의 첫 번째 카드를 꺼내어 드는 순간이다. 한국 측 수석대표가 먼저 협의할 내용을 제시한다. 일본 측은 이에 화답하며 의제를 확인한다.

항공회담의 시작 부분을 스케치해 봤다. 항공회담은 보통 이틀 일정으로 진행된다. 수월하게 합의에 도달하는 경우도 있지만, 줄다리기 협상으로 밤을 지새우는 경우도 있다. 1978년 9월 미국 워싱턴에서 개최되었던 한-미 항공회담은 사전회의와 본회의를 합쳐 총 9일간의 회의였다. 이따금 신문을 통해 항공회담으로 신규노선이 생겼다든지, 운항횟수를 늘었다든지 하는 기사가 보도된다. 사실 이렇게 합의에 이르기까지는 길게는 수년이 넘게 걸리는 경우도 있다.

항공회담은 두 나라의 항공당국이 만나서 양국 간 항공기가 어느 노선에 얼마큼 운항할지를 결정하는 회의이다. 최초에는 회담을 통해 양국 간 운항의 기본적인 내용을 정하는 항공협정을 체결한다. 그다음부터는 운항 지점과 운항횟수를 정하고 늘려간다.

항공협정 Air Services Agreement 은 협정 본문과 부속서로 구성된다. 항공협정 본문에는 「시카고협약」에서 논의되었던 하늘의 자유를 상호 교환한다는 항목이 있으며, 그 밖에 지정항공사, 운임 설정, 안전과 보안에 대한 일반 사항들이 나열된다. 항공협정은 조약의 성격을 띠고 있어 양국 정부에서 외국 정부와 체결한 조약의 발효 과정을 거쳐야 효력이 발생하므로 개정이 쉽지 않다.

변화무쌍한 항공운송산업 환경을 감안하여 도입된 것이 항공 협정상 운수권 등 수시로 개정이 필요한 사항은 부속서Annex로 정하되 부속서 개정은 양국 간 MOU 서명으로 간단하게 시행할 수 있기 때문이다.

항공회담은 어디서 개최할까? 일반적으로 한 번씩 돌아가면서 개최하는 것이 상식이다. 올해 한-영 회담을 영국 런던에서 개최하였다면 다음 해에는 한국 서울에서 개최하는 방식이 가장 무난하다. 그러나 어느 한쪽도 아닌 중간지점에서 개최하는 경우도 있다. 미-영간 「버뮤다협정」은 대서양 섬나라 버뮤다에서 개최되었다.

항공회담은 누가 제안할까? 필요성을 느끼는 나라에서 제안하고 상대측에서 이를 받아들이면 항공회담 일정이 수립된다. 회담하기 껄끄러운 상대라고 하더라도 무한정 피해 다니기는 어렵다. 이런 경우 항공분야가 아닌 다른 협력분야 즉 에너지, 건설, 정치 등 동원할 수 있는 모든 분야를 동원하여 항공회담을 개최토록 압박을 가한다.

ICAO는 최근에선 회원국들 간 항공회담 개최에 어려움이 있다는 사실을 인식하고 1년에 한번 특정 도시를 정하여 한꺼번에 여러 개의 회담을 개최하는 방식을 도입하여 인기를 끌고 있다.

이 회담을 ICAN ICAN : ICAO Conference on Air Services Negotiation 이라고 하며 보통 10여 개 국가와 회담을 한다. 2013년에는 남아공 요하네스버스에서 개최되었고 2014년에는 인도네시아 발리에서 개최된다.

버뮤다협정은 무엇을 말하나요?

1944년 시카고 회의에서 해결하지 못한 국제항공운수권에 대한 해결을 위해 1946년 2월 11일 미국-영국 항공당국이 영국령 버뮤다Bermuda 해밀턴에서 체결한 「버뮤다협정Bermuda Agreement 또는 Bermuda」은 이후 양자 간 항공협정兩者間 航空協定, Bilateral Air Services Agreement의 모델이 되었다.

국제항공사회는 시카고 회의에서 제1자유 즉 영공통과의 자유와 제2자유인 기술착륙의 자유에는 전 세계의 합의를 도출하였다. 그러나 유상승객을 운송하는 제3, 4, 5자유에 대하여는 각 국가마다 자국 항공사의 능력과 항공시장의 형성 등이 달라 일률적인 적용에는 공감대를 형성하지 못하였다.

2차 세계대전 이후 미국은 대륙 간 비행이 가능한 DC4, DC6, Boeing Fortress는 물론 Lockheed사의 Constellation 등의 항공기들을 Pan American, American Export 및 Trans World 항공이 운영하면서 더욱 다양한 취항도시가 필요하였다. 따라서 미국 측 협상대표는 매우 진보적liberal 자세로 회담에 임했다. 반면 영국의 경우 BOACBritish Overseas Airways Corporation 항공사 1개밖에 없었고 항공시장도 취약했기 때문에 상대적으로 보수적tightly regulated일 수밖에 없었다.

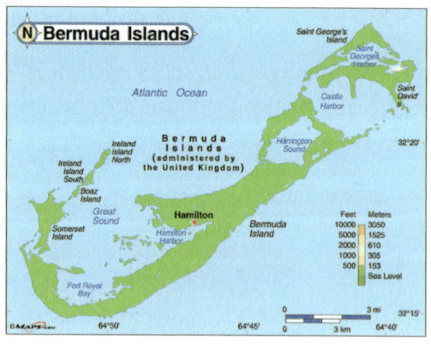

영국령 Burmuda Islands

BOAC 소속 Stratocruiser

당시 미국은 2차 세계대전 직후라서 정치·경제적 파워가 영국보다 우세에 있었기 때문에 미국의 목소리가 더 많이 반영된 합의안이 도출되었으며 취항도시, 운수권, 지정항공사가 결정되고 항공요금은 국제항공운송협회 IATA; International Air Transport Association에서 제시한 요금을 양국 정부가 승인하는 형식을 인정했다.

영국-미국은 1946년 체결된 「버뮤다협정」체제를 30년간 유지했다. 1976년 6월 22일 영국이 노동당 출신 윌슨 내각은 「버뮤다협정」에 불만을 표시하며 항공협정을 파기하겠다고 선언했다. 「버뮤다협정」상 유예기간grace period은 12개월이었다. 항공협정이 없어질 경우 정기편 운항의 근거가 사라진다. 부정기편 인가신청으로 운항을 대체하거나 임시 항공협정으로 운항을 유지하는 방법이 있기는 하나 말 그대로 임시방편일 뿐이다.

영국 정부는 양국 노선에서 매년 미국 항공사는 3억 파운드의 매출을 올리는 반면 영국 항공사는 1억2천만 파운드 매출에 그친다고 지적했다. 영국 정부는 영국 측 항공사가 시장점유율을 최소한 50% 정도 확보하기를 희망했다. 당시 시장점유율 37.4%인 영국항공BA은 혼자서 미국의 3대 항공사들과 경쟁해야만 했다. 영국 정부의 배수진에 따라 미국 정부는 1976년 7월 초 항공회담의 자리에 나섰다.

이후 협상에 따라 양국 정부는 1946년 「버뮤다협정」의 개정판인 이른바 「버뮤다2」를 1977년에 체결했다.

「버뮤다2」는 양측 운항항공사 지정designation을 2개 항공사까지로 제한했다. 운항횟수는 「버뮤다1」은 항공사가 임의로 결정하는 방식이었으나 1977년 개정하면서 항공당국의 사전결정으로 변경되었다. 항공요금을 항공사가 협의하여 결정하고 항공당국의 승인을 받는 방식에서 양국 항공당국이 결정하는 방식으로 변경한 것과 양국 항공사들이 대등한 운항이 가능하도록 보다 복잡하고 구체적인 운항횟수와 관문공항 제한 등이 도입된 것이다.

비교적 자유롭게 활용되던 5자유 운수권은 「버뮤다2」에서는 엄격하게 제한하였다. 「버뮤다2」는 미국과 영국이 항공 자유화 협정Open Skies Agreement을 체결한 2008년 3월까지 대서양 하늘을 규제하였다.

기술착륙이란 무엇인가요? - 운송

서울에서 부산을 고속버스를 타고 가면 중간에 휴게소에 들르게 된다. 이 시간을 이용해서 간단히 식사하기도 하고 화장실에도 갔다 온다. 운전기사는 주유소에서 연료를 더 넣기도 한다. 자가용으로 장거리로 이동할 때도 고속도로 휴게소에서 휴식을 취하고 운전자를 교대하기도 한다. 하늘의 자유 중에서 2자유-기술착륙의 자유도 마찬가지이다. 최종 목적지에 도달하기 전에 중간 기착지점에서 항공기에 급유하거나 중간 정비를 하고, 운항/캐빈승무원도 그 지점에서 업무를 교대하기도 한다. 2자유인 기술착륙technical landing은 승객이나 화물의 운송과는 무관하다.

기술착륙의 예는 우리나라의 80년대 유럽노선을 예로 들 수 있다. 당시 알래스카의 앵커리지 공항에서 기술착륙을 하고 최종 목적지로 이동해야만 했다. 왜냐하면, 1980년대까지는 정치적인 문제로 중국/러시아 영공통과를 하지 못했기 때문에 이들 국가를 우회하는 장거리 노선을 택해야 했고 중간에 급유가 필요했기 때문이다. 항공 기술이 점점 발달함에 따라 항공기의 운항 거리가 늘어나고 제 2자유를 사용하는 경우는 전 세계적으로 찾아보기가 어렵게 되었다. 운항승무원의 경우도, B747 점보처럼 대형기종에는 데드헤드 크루dead-head crew라고 해서 교체 근무자가 같이 탑승하여 중간기착지에서 교대하지 않게 되었다.

앵커리지 공항에 기술착륙중인 대한항공 화물기

이원 5자유란 무엇을 말하나요?

주말에는 경부선 KTX 열차가 서울역에서 만원으로 출발하는 경우가 대부분이다. 그렇다면 대전이나 대구에서는 KTX를 탈 수 없을까?

아니다. 대전에서 내린 손님의 좌석만큼 대전에서 출발하는 손님을 태울 수 있고 대구에서 또 손님이 내려서 빈 좌석이 만들어지면 추가로 손님을 태울 수 있다. 이 개념이 5자유 운수권과 유사하다.

5자유는 항공사가 A-B-C처럼 2개 이상의 구간을 하나의 편명으로 묶어서 뜰 때 긴요하게 쓰이는 운수권이다. 중간 B지점에서 승객들 일부가 내리더라도, 그 B지점에서 C지점으로 갈 손님을 태울 수 있기 때문이다. 항공사 입장에서는 빈 좌석 spoilage을 가능한 줄일 수 있게 해 주기 때문에 고마운 제도이며 여러 구간을 연달아 운항하는 노선에서 5자유 운수권이 없다면 중간지점에서 손님들이 내린 빈 좌석을 활용할 수 없다.

과거에는 제5자유 운수권이 있어서 세계 일주가 가능했다. 1950년대 팬암 Pan American World Airways은 '은하철도 999'처럼 전 세계를 연결하는 운항을 했는데 팬암 001편은 미국에서 서쪽으로, 팬암 002편은 반대로 동쪽으로 돌아서 세계를 한 바퀴 돌았다. 팬암 001편의 중간 기착지점은 샌프란시스코, 호놀룰루, 웨이크 섬, 도쿄, 홍콩, 방콕, 인도 콜카타, 카라치, 베이루트, 이스탄불, 프랑크푸르트, 런던, 뉴욕이었다. 팬암의 세계 일주 운항편은 제5자유 운수권을 기반으로 세계 여러 도시를 하나의 하늘길로 연결, 총 46시간이 소요되는 구름 위 환상특급이었다.

제5자유 운수권이 없었다면 중간지점 1개를 들를 때마다 빈 좌석은 계속 늘어가고 장거리 노선을 운영하기 위한 충분한 매출을 일으키지 못했을 것이다.

한국-캐나다 간 항공 자유화 체결 이전인 2007년에 A 항공사가 인천/밴쿠버/시애틀의 노선을 취항하는 것을 검토했다고 가정해 보자. 한국과 미국과는 항공 자유화 협정이 체결되어 있어서 어떤 지점$_{any\ point}$으로든 중간/이원 5자유 운수권 활용이 가능하다. 하지만 한국-캐나다 항공 협정상에 5자유 운수권이 설정되어 있지 않은 상태이므로 2가지 필요조건 중 1개가 모자라다. 이 경우에 A 항공사는 밴쿠버/시애틀 구간에서 항공권을 판매할 수 없다.

인천/방콕/싱가포르 노선을 5자유 운수권 없이 취항할 경우 "노선을 병합한다."고 표현한다. 이것은 인천-방콕 승객과 인천-싱가포르 승객이 한 비행기로 같이 이동하는 셈이다. 방콕에 도착하면 방콕 승객은 비행기에서 내려 여권 심사대를 거쳐 태국으로 입국하게 되지만, 싱가포르행 승객은 내려서 잠시 환승라운지에서 대기하다가 다시 같은 비행기를 타고 최종 목적지인 싱가포르까지 비행한다.

환승(6자유) 운항의 장점은 무엇인가요?

어떤 노선에서 3/4자유 수송만으로 연중 내내 판매가 일정하게 발생한다면 항공사 입장에서는 이상적이다. 실제로는 비수기나, 현지 발 수요가 저조한 노선인 경우 항공사는 해당 노선 운영에 어려움을 겪게 된다. 이때 항공사가 직항수요에 추가로 노선망 효과를 통해 추가로 A 노선과 B, C, D … 등 다른 노선과 연계된 수요를 팔 수 있다면 안정적인 영업이 가능해진다.

자국의 거점공항을 통해 항공사가 두 개의 다른 노선의 수요를 연결하는 것을 6자유 수송이라고 한다. 5자유 수송과 6자유 수송의 공통점은 단 하나이다. 3/4자유처럼 단일 구간(예) 한국-일본)이 아니라, 2구간 이상이 연결된 수송(예) 한국-일본-미국)이라는 것이다.

5자유 수송과 6자유 수송을 단번에 구분하는 방법은 항공사의 편명으로 구분하면 된다. 5자유 수송은 모든 구간이 단 1개의 편명으로 움직인다. 예를 들어, '한국-일본-미국' 노선에서 미국 노스웨스트항공이 NW008로 1개의 편명으로 운항하면 제5자유 운수권을 행사하고 있는 것이다. 반면에 6자유 수송은 여행자가 2개 구간을 각각 다른 편명으로 탑승한다는 것이다.

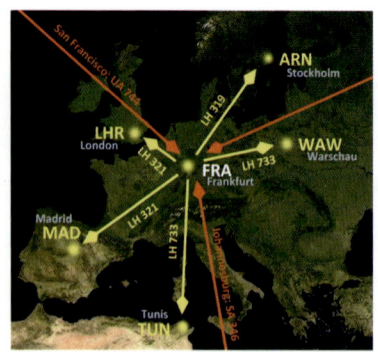

Frankfurt를 중심으로 한 6자유 운송

예를 들어 '한국-일본-미국' 노선에서 일본 전일본공수ANA를 탔는데, '한국-일본' 구간은 편명은 NH908, '일본-미국' 노선은 NH301 편명으로 각각 다른 편명이었다면 이는 6자유 운송인 것이다.

5자유 수송은 항공사가 그 스케줄을 타임테이블에 공개할 수 있다. 5자유 수송은 해당 노선구조가 항공 협정상에 이미 있어야 하고, 항공사는 이를 양국 항공당국에 각각 신청해서 허가를 받아야 한다.

'한국-일본-미국' 노선의 경우, 한국 항공사가 5자유 운송을 계획한다고 가정해 보자. 우선 「한국-일본 항공협정」상에 미국 지점이 이원지점으로 설정되고 이원 5자유 운수권도 있어야 한다. 또한 「한국-미국 항공협정」상에는 일본이 중간지점으로 설정되고 중간지점 5자유 운수권이 있어야 한다. 이 2가지 조건을 만족하면 한국 항공사는 각 국가 항공당국에 노선계획을 신청하여 허가를 받고 운항할 수 있다.

6자유의 경우는 항공사가 자기 나라의 거점공항을 베이스로 다른 두 나라에 각각 3/4자유 운항을 하는데, 여행사나 여행객의 필요에 의해 이 항공사의 두 구간을 묶어서 이용하는 것일 뿐이다. 굳이 구분한다면 위의 '한국-일본-미국' 노선은 일본항공사가 '한국-일본' 구간에서는 4자유 수송을 하고 '일본-미국' 구간에서는 3자유 수송을 한 것이다. '동남아-한국-미국' 노선에서 한국 항공사가 6자유 수송을 했다면 '동남아-한국' 구간은 4자유, '한국-미국' 구간은 3자유 수송으로 연결한 것이다.

6자유 수송이 원활하게 이루어지려면 연결시간이 잘 맞아야 한다. 갈아타는 공항에서 2-3시간 이내라면 편리하다고 볼 수 있다. 6자유 수송은 항공사가 별도로 공개하지 않는 한 외부로 드러나지 않는 수송이다. 따라서 항공협정에서 6자유는 기본적으로 협상의 대상이 되지 않는다.

그렇지만 상대국 항공사가 6자유 수송을 많이 한다고 여겨지면 항공협정에 3/4자유 수송에 영향을 심하게 주지 말라는 문구를 넣는 경우도 있다.

6자유 수송으로 유명한 항공사는 KLM과 싱가포르항공이다. 이들 국가는 자국 항공수요가 부족하므로 6자유 수송을 적극적으로 개발해낸 것이다. 한편 호주, 뉴질랜드나 노르웨이, 핀란드 등은 지리적으로 여행의 마지막 부분에 있으므로 그 나라의 항공사들이 6자유 수송을 개발하기 힘든 단점이 있다. 흥미로운 점은 이러한 6자유 수송이 특기인 국가의 항공당국들은 대부분 개방적인 항공정책을 채택하는 경향을 보인다는 것이다. 왜냐하면, 6자유 수송을 최대화하기 위해서는 기본적으로 여러 나라와 3/4자유 구간을 많이 보유하여야 하므로 적극적인 항공 자유화 정책이 필요하다. 최근에는 중동의 두바이, 아부다비, 도하 등이 아시아와 아프리카, 유럽을 연결하는 6자유 수송을 확대하고 있다. 물론 우리 국적 항공사들도 인천국제공항을 중심으로 활발하게 6수송을 전개하고 있기도 하다.

3국 간 운송(7자유)은 어떤 나라들이 허용 하나요?

하늘의 자유 중 제7자유 운수권은 항공협정을 체결한 상대국에서 출발해서 제3국으로 운항할 수 있는 권리이다. 이 때 제5자유와는 달리 제7자유는 우리나라와 상대국간 운항할 필요가 없다.

제7자유 운수권은 자국출발 구간 없이 행사하는 5자유라고도 표현할 수도 있다. 2009년 6월 9일 한일 항공회담에서 양국 정부는 상대국과 제3국간 운항 여객 전세편이 가능함에 합의했다. 이에 따라 우리나라 항공사가 일본에서 여행객을 모아서 제3국(괌, 사이판 등)으로 전세기를 운항할 수 있게 된 것이다. 대한항공은 2009년 9월 도쿄 '나리타-괌' 구간 전세 항공편을 운항하여 우리나라 항공사 최초로 제7자유 수송을 기록했다. 유럽지역은 지역 내 모든 7자유를 포함한 '하늘의 자유'를 허용하고 있다. 아일랜드 국적의 라이언에어가 영국 런던과 이탈리아 로마 노선을 운항한다. '호주-뉴질랜드' 항공자유화도 7자유를 허용한다. 따라서 상대국에서 출발하는 제3국행 노선을 개발하여 영업할 수 있다. 미국 및 캐나다의 오픈스카이 기본협정 문구에는 화물 7자유 조항이 설정되어 있다. 자국에 항공화물 센터를 유치하거나 물류의 핵심이 되기 위한 노력이라고 할 수 있다. 영국항공의 자회사인 '오픈스카이항공'은 「미국-EU 항공자유화협정」을 기반으로 '파리-뉴욕' 노선을 7자유 형식으로 운항하고 있다.

항공에서 카보타지는 허용되지 않는다는데?

　카보타지Cabotage는 해상운송에서 사용된 개념으로 한 나라의 내항 구간에 다른 나라의 선박이 운항할 수 있는 권리를 말하며, 항공운송에서는 다른 나라 국내 지점 간 운송을 의미한다. 일반적인 항공협정문에서는 "카보타지 운송을 보류할 권한을 가진다."라는 조항을 통해 일반적으로 허용하지 않고 있다. 카보타지가 항공협정 차원에서 허용되고 있는 사례는 EU가 대표적으로 역내 항공시장 통합으로 인해 EU 항공사는 자유롭게 다른 나라 내에서 국내선을 운항할 수 있다.

　아일랜드의 「라이언에어」는 알이탈리아에 이어 이탈리아 국내선 시장점유율에서 2013년 기준 2위의 항공사이다. 「라이언에어」는 이탈리아는 물론 프랑스나 독일 국내에서도 EU내 카보타지 허용 원칙에 따라 운항을 하고 있다. 호주-뉴질랜드 단일항공시장조약에도 카보타지 허용이 포함되었다.

　「칠레-우루과이 항공자유화협정2003년」에서 칠레가 일방적으로 카보카지를 허용했고 「영국-싱가포르 항공자유화협정2007년」에서 영국이 카보타지를 일방 허용한 사례가 있다. 캐나다는 몬트리올-토론토 구간만 예외적으로 카보타지를 허용하고 있다.

RyanAir

항공협정에 카보타지가 허용되지 않았더라도 재해가 발생한 경우, 국내선 공급력 부족 시 등 특별한 경우에는 카보타지 운송이 임시로 허용될 수 있다. 2001년 가을 호주 교통부는 우리나라 항공사에 호주 국내선 구간을 운항해 달라는 요청을 보내왔다. 콴타스에 이어 제2의 항공사였던 안셋Ansett의 운항중단으로 국내선 수요를 감당할 수 없으니 도와달라는 것이었다. 대한항공은 2001년 11월 말부터 한 달간 브리즈번-시드니 구간에서 카보타지를 행사했다.

1997년 7월 1일 홍콩이 중국으로 반환되기 이전에는 홍콩-영국 노선은 영국과 홍콩 항공사만 운항할 수 있었다. 바다를 사이에 두고 멀리 떨어진 한 국가의 두 개 지점 간 운송을 그랜드 카보타지Grand Cabotage라고 한다.

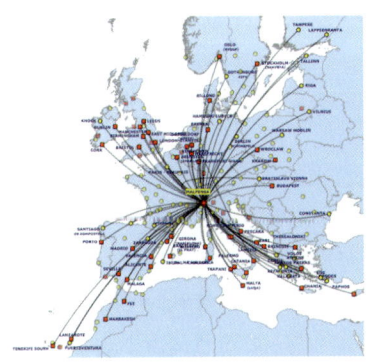

RyanAir의 밀라노 허브 네트워크

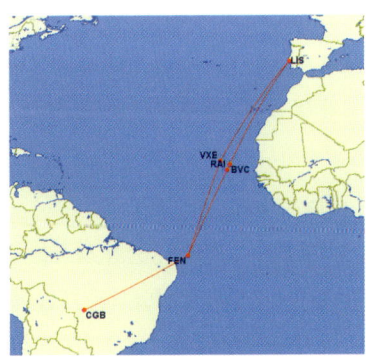

5자유와 카보타지를 활용하여 리스본과 아마존을 연결하는 노선

코드쉐어 운항이란?

항공편 예약을 하려고 하니 편명 두 개가 나란히 붙어있는 경우가 있다. 예를 들면 인천/뉴욕 구간 항공편이 KE081/DL1003으로 타임테이블에 표현되어 있다. 이는 대한항공과 델타항공이 코드쉐어로 운항하는 항공편이며 실제 운항하는 항공기는 대한항공 A380이다. 이때 대한항공을 운항사라고 부르며 델타항공을 판매사라고 부른다.

코드쉐어의 경우는 A 항공사가 자신이 운항하지 않는 구간에서 상대편 항공사의 운항편에 코드를 붙여서 판매사로 참여하게 된다. 편명공유를 통해 대외적으로는 노선망을 확장하는 효과가 있다.

판매사인 A 항공사는 자사 편명으로 발권하게 되며 사전에 정해진 정산가로 B 항공사와 판매금을 정산한다. 항공사 간 쌍무협정 중 편명공유 협정은 아래와 같이 분류할 수 있다.

Seat Swap 코드쉐어

계약항공사 간에 특정 노선에서 일정 공급석을 동일한 가치로 정산 없이 상호 교환하여 자사코드를 부여하여 판매하는 방식이다. 정산가를 지불하지 않으므로 판매가격이 곧 수익이 되며 정산절차가 없어 단순하다. 양사의 운영 실적이 비슷하면 문제가 없으나 한쪽만 실적이 높으면 이익균형의 문제가 발생할 수도 있다.

Block Seat 코드쉐어

판매사가 운항사의 일정 좌석을 받아서 자사코드로 판매하는 방식이다. 판매사는 운영사에 공급석에 대한 정산가를 지불하는데 Hard Block은 할당 좌석 사용 여부와 관계없이 지불하며, Soft Block은 일정 시점에 미판매분을 반환하고 판매분에 대하여만 정산한다. 클래스별로 단일 정산가를 적용한다.

Revenue Pooling 코드쉐어

계약항공사들이 각각 수송한 승객 수에 미리 합의한 수입단위를 곱하여 합산된 총수입을 공급비율로 배분하는 방식이다. 한쪽 항공사의 판매력이 낮을 때 보상하는 것을 감안하며 최근에는 담합Anti-Trust 위반의 소지가 있어서 폐지하는 추세이다.

Cost & Revenue Pooling 코드쉐어

Revenue Pooling 코드쉐어 내용에 추가로, 편당 정해진 운항비용을 공급비율로 분담하는 형태로 통상 보상범위는 총 Pooling 금액의 특정 비율로 제한한다.

Free Sale 또는 Free Flow 코드쉐어

운항사가 판매사에 제공하는 좌석 수를 정해놓지 않고 탄력적으로 제공한다. 계약사 간 예약시스템 정보가 실시간 공유되어야 하며 예약클래스별 매칭이 특징이다.

항공 자유화가 대세인가요?

오픈스카이 Open skies는 항공 자유화를 의미하여 일반적으로 3/4자유의 운항의 무제한 허용을 기반으로 일부 오픈스카이 Open skies 협정은 5자유까지, 심지어는 7자유까지 허용하는 경우도 있다. 그렇다면 항공 자유화가 세계적으로 대세인가?

정답은 '그렇다'이다. 미국은 1978년 규제 완화 정책 선언 이후에 교통부 DOT의 공식적인 정책을 오픈스카이 Open skies 확대로 공포하고 100개 이상 국가와 협정 체결을 완료하였음을 홍보하고 있다.

오픈스카이 Open skies의 장점은 항공사 간 무한경쟁을 유도하여 경쟁력 있는 항공사만 살아남는 생태계를 만들어 항공교통이용자에게 더 저렴한 항공요금과 더욱 편리한 운항 스케줄을 제공함에 있다. 항공 자유화와 경제성장은 다음과 같은 인과적인 연쇄 causal chain 으로 연결되어 있다.

항공 자유화로 새로운 노선이 개설되고 신규 항공사들이 시장에 진입하게 되어 공급량이 증가하고 늘어난 공급량은 운임의 인하를 가져온다. 인하된 운임은 항공수요를 증가시키게 되며 이렇게 늘어난 항공수요는 항공과 관련된 산업의 발전을 촉진해 경제가 성장하게 되고 이는 일자리 창출로 이어진다.

이렇게 미국이 적극적으로 오픈스카이 Open skies 정책을 들고나오자 상대적으로 항공 인프라가 열악한 상대국들은 미국의 공룡 항공사들이 전 세계 항공시장을 장악할 것을 염려하여 극렬하게 반대하기도 하였다.

대한민국도 예외는 아니었지만 오픈스카이Open skies 시행 이후 한-미 태평양 횡단 노선을 오히려 한국 국적 항공사들이 장악하고 있어 민망한 상황이 연출되고 있다.
　일본은 2007년 5개년 '아시아 게이트웨이 구상' 발표를 통해 항공 자유화 정책을 밝혔고 이후 적극적인 오픈스카이를 추진하고 있다. 우리나라와는 2007년부터 동경을 제외한 일본 전 지역의 3/4자유를 Open하여 운영하고 있다. 중국도 아세안, 일본 등과 항공 자유화를 전격 체결하는 등 개방적인 항공정책을 열어가고 있으나 우리나라와의 항공 자유화는 우리 국적 항공사의 경쟁우위를 이유로 소극적으로 임하고 있다.
　대한민국은 EU와의 항공 자유화에도 적극적인데 한-EU간 항공 자유화가 시행될 경우 첫해에 12만4천여 명의 여객증가, 7천4백 유로의 소비자 잉여, 372개의 일자리, 7천3백 유로의 관광수익이 늘어날 것으로 전망되는데 소비자 잉여 및 고용창출은 한국의 혜택이 크고 관광수익은 EU에 더 많은 혜택이 돌아갈 것으로 예측된다.
　그러나 항공 자유화는 긍정적 측면이 있는 것만은 아니다. 대한민국에 지속해서 항공시장 개방을 요구하고 있는 아랍에미레이트나 카타르의 경우 자국민의 절대적 숫자가 적은데도 중동지방의 지리적 이점을 활용해 우리 국민의 유럽 또는 아프리카 연계수송을 확대하겠다는 전략이므로 항공 자유화에 합의할 경우 우리 국적사의 피해는 자명하다.
　따라서 항공 자유화는 시장상황과 국적항공사의 경쟁력 등을 면밀하게 검토하여 국익과 항공여객 모두 편익이 돌아가도록 솔로몬의 지혜를 발휘해야 한다.

항공회담은 어떻게 진행되나요?

「시카고조약」에서 항공운송에 대한 구체적인 규율을 정하지 않아 「버뮤다협정」 형태의 양자 간 항공회담을 통해 항공협정을 체결하고 운수권을 결정해야 국제항공운송이 가능함은 설명한 바와 같다.

그렇다면 항공회담은 어떻게 진행할까? 회담 사전에 양국 간에 서신을 통해 회담일정과 장소를 선정한다. 대체로 항공회담은 양국 간 번갈아 개최하며 중간지점에서 개최되는 경우가 있다. 회담 기간은 회담의 복잡성에 따라 결정하는데 통상 2-3일 정도 소요된다. 중요한 것은 회담 의제와 대표단의 결정인데 회담 의제는 사전에 서로 조율한다. 수석대표의 직급도 가능한 한 맞추려고 노력한다.

회담 당일에는 수석대표의 인사말과 대표단 소개로 회담이 시작된다. 이어서 수석대표 간 회담 의제에 대하여 확인하고 이의가 없으면 확정한다. 때로는 회담 당일 예기치 않은 의제가 제기되어 승강이를 벌이기도 한다.

이후 구체적인 협의가 진행되며 양측간 이견이 좁혀지지 않을 경우 수석대표 간 별도회의 Chairman's Meeting 을 통해 이견을 좁히기도 한다. 치열한 공방 끝에 양측의 이해관계가 맞아떨어져 합의된 경우 회담이 합의되었다고 하고 그렇지 못한 경우 회담이 결렬되었다고 한다. 항공회담이 결렬되었다고 아주 끝난 것이 아니고 차기 회담에서 더욱 진전된 논의를 하자고 헤어진다. 간혹 회담이 결렬되었더라도 회담에서 제기된 내용을 기록으로 남기기도 하는데 이를 ROD Record of Discussion 이라고 한다.

항공회담 개최에서 항공사의 신규노선 개설(또는 공급력 증대)까지의 흐름은 다음과 같다.
1. 항공사가 항공당국에 항공회담 개최 건의 (신규노선 신설 또는 기존노선 공급증대 목적)
2. 정부 간 항공회담 일정 조율
3. 항공회담 개최 일자 확정
4. 항공회담 토의 안건 및 대표단 명단(정부, 항공사) 교환
5. 항공회담 개최 (보통 2–3일간 진행)
6. 회담 마지막 날 양해각서(합의 시) 또는 협의서(결렬 시) 작성
7. 항공협정 체결의 경우는 국회 인준 절차 진행 (부속서 개정의 경우는 합의 일자로 발효)
8. 항공당국은 항공사에 노선권/운수권 희망 안 제출 요청(2개의 이상의 항공사가 있을 경우)
9. 항공사는 항공당국에 운수권 배분 희망 의견 제출
10. 항공당국은 운수권 배분 검토 및 항공사에 최종 결과 통보
11. 항공사는 자국 및 외국 항공당국에 노선 면허 인가 요청
12. 양국 항공당국은 항공사의 노선 면허 신청 검토 및 인가(안전성 등 검토)
13. 항공사는 국내 및 외국 공항 당국에 슬롯(이륙/착륙 시간대) 배정 요청
14. 슬롯확보 시 사업계획변경 인가 요청
15. 항공당국은 신규노선 또는 공급증대의 사업계획 내용 인가
16. 항공사는 신규취항 또는 운항횟수 증대 시행(고객 공지, 홍보활동 포함)

수하물은 가능한 한 콤팩트하게

수하물을 화물칸에 부칠 것인가? 아니면 기내로 가지고 갈 것인가? 한 번쯤은 고민했을 것이다. 특히 여행용 가방을 구매할 때 고민할 수밖에 없다. 기내에 반입이 가능한 carry on luggage는 크기가 작아 양복을 넣기가 마땅하지 않다.

그렇지만 짐을 화물로 부치지 않고 기내에 가지고 들어가면 목적지 공항에 도착한 다음 짐을 찾기 위해 Baggage Claim에서 기다리지 않아도 된다. 아울러 지상조업자의 무자비한 짐어 던짐으로 발생하는 가방과 내용물의 손상을 걱정하지 않아도 된다는 것이 큰 장점이다.

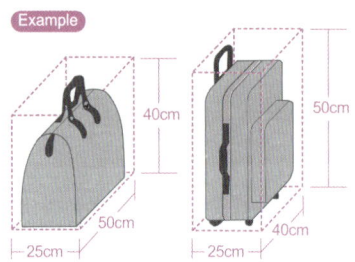

기내에 반입이 가능한 가방 규격

기내 반입 가능한 가방의 크기 제한은 얼마일까? 항공사마다 조금씩 다르지만, 일반적으로 가방의 세 변의 합이 115cm₄₅ᵢₙ𝒸ₕ 이내면 기내에 가지고 들어갈 수 있다. 여행용 가방 구매 시 통상 20inch 사이즈가 이 크기에 해당한다_가로40+세로55+높이20=150_. 이보다 사이즈가 크게 되면 기내 반입이 금지되고 화물로 부쳐야 한다.

휴대 수하물은 주로 기내 선반에 보관하게 되는데 사이즈가 크게 되면 선반에 들어가지 않게 되어 난감한 상황이 벌어지게 된다. 기내 반입 가방 크기를 제한하는 또 하나의 이유는 안전과 관련된다.

갑작스러운 기류 요란으로 항공기가 흔들릴 경우 선반이 열리고 가방이 승객 위로 떨어지는 경우가 있다. 이 경우 기내 반입 가방이 무거울수록 승객이 다칠 확률이 높아지게 된다.

이번에는 위탁 수하물에 대하여 알아보자. 델타항공은 국내선 일반석의 경우 첫 번째 가방부터 수수료 25불을 받는다. 두 번째 수하물은 35불이다. 다시 말해서 일반석 승객의 경우 무료 위탁수하물은 없다.

사우스웨스트항공의 경우는 가방 두 개까지 무료로 운송한다. 일반적으로 FSC는 운임에 모든 것이 패키지형태로 포함되는 것이 일반적이나 미국 항공업계에서 FSC는 LCC의 사업모델 일부를 가져오고 있으므로 이렇게 오히려 역전현상을 보이는 경우가 나타난다.

한편 Ultra-LCC에 해당하는 스피릿항공Sprit Airlines의 경우 모든 위탁수하물에 수수료를 부과하며, 핸드캐리에도 수수료를 부과하겠다는 계획을 밝힌 바 있다. 따라서 위탁수하물 2개를 가지고 미국 국내선을 여행하는 승객의 경우 어떤 노선에 항공운임이 같다 할지라도 120불을 추가로 부담하게 된다. 공항에서 개인이 부칠 수 있는 수하물의 무게는 최대 32㎏으로 정해져 있다. 탑승객이 부치는 짐은 사람이 직접 운반하기 때문에, 작업자와 수하물의 안전을 위해 무게를 제한하는 것이다.

무료 수하물 허용 기준을 초과하는 것에 대한 추가 요금에도 주의하여야 한다. 항공사들이 과거에는 수하물 허용기준 초과에 대하여 관대하였으나 최근에는 항공권은 싸게 책정하고 초과 수하물에 대한 요율을 높게 책정하여 배보다 배꼽이 크게 되는 경우도 있으니 주의하여야 한다. 따라서 여행을 계획할 때는 될 수 있으면 무겁고 꼭 필요하지 않은 물건은 배제하는 지혜를 발휘할 필요가 있다. 가벼운 짐을 꾸리는 것은 안전에도 도움이 되고 항공기 배출가스도 줄여 지구환경 보호에도 도움이 되는 것이다.

항공권 가격은 며느리도 몰라?

"저는 기장입니다. ○○○여행사에서 항공권을 예약한 승객은 목적지에 안전하게 도착하실 때까지 항공료를 다른 승객들에게 절대 공개하지 마시기 바랍니다. 모두가 즐거운 여행을 위해서…"

모 여행사의 TV 광고에서 시작멘트이다. 이후 항공권을 비싸게 산 사람들이 흥분 일으키는 장면으로 바뀐다. 실제로 같은 클래스에서 바로 옆에 앉은 사람과도 가격이 몇 배 날 수가 있다.

항공권을 구매하는 수요층은 크게 '가격은 얼마든지' 라는 비즈니스 수요와 '가격만 적당하면' 단체관광 수요로 크게 구별할 수 있다. 항공사가 항공운임을 높게 하면 일부 좌석만 채워진다. 이러한 딜레마를 해결하려고 항공업계는 얼리버드, 판매조건, 수익경영시스템 등을 도입했다.

어얼리버드Early Bird 제도란 시간가치를 기준으로 빨리 사는 사람일수록 싼 항공권을 사며 점점 가격이 높아지는 형태이다. 에어아시아는 항공권 가격이 12단계로 가격이 올라감을 홈페이지에서 밝힌 바 있다. 유나이티드항공의 LA-시카고 노선의 편도 항공권은 최저 109불에서 최고 1,765불까지 총 43단계로 나뉘어 제공된다고 한다www.cheapair.com 자료.

항공권 가격은 조건에 따라 달라진다

낮은 운임일수록 탑승 일자나 요일, 일자변경 등의 제한조건이 높아진다. 비즈니스 승객은 요일이 언제든 미팅 약속에 맞게 구매하며 날짜변경 등이 수시로 있을 수 있어서 높은 운임의 항공권 구매로 이어진다. 미국 항공사들은 관광수요를 분리해내기 위해서 선데이룰Sunday rule이란 주말 의무체류 조건부 할인요금을 시행한 바도 있다.

항공사의 수익경영시스템Revenue Management System은 최대한 탑승률을 올리는 한편 좌석당 단가를 극대화하려는 두 가지 상충된 목표를 조율하는 시스템이다.

좌석이 빨리 소진되면 높은 단계로 점프할 수도 있고 또는 단체취소로 낮은 가격대가 다시 열릴 수도 있다. 항공사의 노선관리자가 정해놓은 판매 운임 정책과 시스템에서 축적된 판매기록이 맞물려 적절한 운임이 보이게 된다.

항공권에는 왜 입석 표가 없나요?

비행기가 이륙하거나 착륙할 때 승무원들은 승객들이 모두 좌석에 착석하고 안전벨트를 착용했는지를 확인한다. 따라서 항공여행에 있어 입석 표는 상상하기 어렵다. 물론 1950년대에 아프리카에서 입석 손님을 태운 항공기가 무게를 이기지 못하고 추락했다는 전설 같은 이야기도 있지만 기차나 버스같이 입석 손님을 태우는 항공사는 상상하기 어렵다.

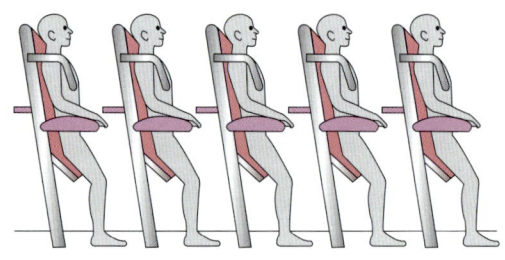

입석좌석(vertical seat)

그러나 공공연하게 입석 항공권을 팔겠다고 선언한 항공사들도 있다. 유럽의 Ryanair가 그 주인공이다. Ryanair는 항공당국의 규정에 이착륙 시에는 안전벨트를 하라고 했지 반드시 좌석에 앉아야 한다고 하지 않았다는 점을 들어 소위 입석 좌석vertical seat에 손님들이 기대어 벨트를 착용하는 형태로 1-2시간 정도 단거리 구간을 여행하는 방식의 항공권을 팔겠다고 공언했다.

그렇다면 Ryanair의 입석 항공권 프로젝트는 성공했을까? 현재까지는 '성공하지 못했다'가 답이다. 입석 항공권 개념은 항공사 입장에서는 같은 공간에 더 많은 승객을 태울 수 있는 장점이 있지만, 항공기 제작사나 항공안전을 책임지는 항공당국 입장에서는 바람직하지 않은 부분이 많다.

항공기 제작사는 좌석벨트는 16g에 견딜 수 있도록 설계되어야 하는데 입석 좌석에 설치되는 좌석벨트는 이 기준을 충족하지 못한다는 점을 부각하고 있다.

그런데도 중국의 저비용항공사인 춘추항공도 입석 좌석제도를 도입고자 한다는 보도자료를 내는 등 입석 항공권에 대한 논란은 앞으로도 계속될 듯 싶다. 현재까지 입석 항공좌석에 대한 승인을 내준 항공당국은 없다.

비행기에서 로열석은 어디인가요?

비행기에서 좋은 좌석은 일반적으로 앞쪽이다. 앞쪽 좌석이 제트엔진에 대한 소음이 상대적으로 적으며 비행기 내릴 때도 빠르기 때문이다. 예전 프로펠러 비행기에서는 소음 때문에 일등석이 뒤쪽에 설치되기도 했다.

유럽의 저비용항공사인 이지젯은 좌석지정에 대한 10,000여 명 승객의 데이터를 바탕으로 7F가 가장 인기 있다고 2014년 발표했다. 1열이나 2열이 왜 아니었을까? 이지젯은 좌석 배정 수수료를 받고 있는데 1열~5열은 보통 좌석 열보다 최대 3배~5배 높았기 때문으로 분석된다.

맨 앞쪽 열은 비행 내내 울어대는 어린아이 손님과 가까이할 가능성이 높은 점을 고려해야 한다. 에어아시아 엑스 및 스쿠트항공은 이코노미 클래스 앞쪽 부분을 'Quiet Zone조용한 공간'이라 하여 유아 및 만 12세 이하 어린이들이 배정되지 않도록 하고 있다.

날개가 있는 비상구좌석도 앞뒤 간격이 넓어서 인기가 많다. 일부 항공사는 비상구 좌석을 사전지정 시에는 수수료를 받고 있다. 비상구 좌석의 승객은 위기 상황 발생 시 캐빈승무원과 협조하여 비상구를 열고 다른 승객의 탈출을 돕는 역할을 수행해야 한다. 따라서 캐빈승무원과 의사소통이 원활하고 건강상 문제가 없는 승객에 한해 배정될 수 있다. 항공사 승무원, 직원이 승객으로 탑승 시 비상구 좌석 배정 1순위이다.

창가 대 복도 좌석에 대한 선호도에서 약 60:40의 비율로 창가 좌석이 앞섰다스카이 스캐너, 2012년 조사. 한편 가운데 끼인 좌석을 선호한 사람도 1%는 있었다.

한편 미국 '파퓰러 미캐닉스Popular Mechanics'가 1971년부터 35여 년 항공기 사고자료를 분석한 바에 따르면 뒤쪽이 앞쪽보다 상대적으로 안전하다고 한다. 복도 좌석은 유사시 오버헤드빈의 가방에 대해 주의할 필요가 있다.

SeatGuru.com에 가면 주요 항공사별 항공기 좌석배치도를 볼 수 있다. 추천좌석은 녹색, 보통좌석은 흰색, 문제가 있는 좌석은 노란색 또는 빨간색으로 표시되어 있다. 이를 참조하여 좌석 지정하는 것도 좋은 방법이다.

몸이 불편한 고객은 탑승 편의 등을 고려해 될 수 있으면 앞쪽 통로 좌석을 배정한다.

당신만의 로열석을 찾아라. 그리고 사전에 인터넷을 통해 좌석을 지정하면 같은 가격에 나만의 로열석을 확보하고 이코노미석에서라도 나름 행복을 찾을 수도 있겠다.

운수권은 어떻게 배분하나요?

항공회담을 통해 확보한 운수권을 항공사에 배분하기는 쉽지 않다. 과거에 국적 항공사가 1개사였을 때는 고민이 없었으나 제2민항이 설립된 이후로는 운수권 배분 관련 첨예한 대립이 있을 수밖에 없었고 심지어는 항공사가 정부를 상대로 행정소송을 제기하기도 하였다. 현재는 저비용항공사까지 다수 설립되어 그 이해관계와 복잡도가 훨씬 높아졌다.

운수권 배분에 적용되는 규정은 「국제항공운수권 및 영공통과 이용권 배분 등에 관한 규칙」 국토교통부령 제1호, 2013.3.23에 따른다.

동 규칙에는 신규운수권과 증대운수권에 대한 배분대상 항공사, 배분 횟수에 대한 구체적인 방법을 제시해 놓았는데 배분대상 항공사 수보다 배분을 신청한 항공사가 많은 경우 평가지표에 따른 평가결과에서 높은 점수를 획득한 순서로 배분대상 항공사를 선정하는 방법을 취한다.

여기서 평가지표는
1. 안전성 및 보안성
2. 이용자 편의
3. 시장개척 노력 및 운항 적정성
4. 지방공항 활성화 노력
5. 항공운송사업 연료효율 개선
6. 항공사의 안전성으로 설정하였다.

배분의 공정성 및 객관성 확보를 위해 국토교통부는 항공교통에 관한 전문가 등이 참여하는 항공교통심의위원회를 구성하여 심의하는 절차를 거친다.

이렇게 배분받은 운수권에 대하여 항공사가 1년 이내에 취항하지 않거나 취항한 후 연간 20주 이상 운수권의 전부 또는 일부를 사용하지 않는 경우 해당 미사용 운수권을 회수하여 재배분한다.

부친 수하물은 중간 기착지에서 찾아야 하나요?

수하물checked baggage은 환승할 때 이용하는 두 항공사 간에 수하물 연결계약이 있다면 최종 목적지에서 수하물을 찾으면 된다. 그렇지 않은 경우에는 수하물을 찾은 후 환승카운터로 가서 다시 짐을 부치는 수속을 밟아야 한다.

다른 항공사의 항공편으로 환승할 때 위탁수하물이 연결되는 것을 항공사 용어로는 'interline baggage'라고 한다. 사우스웨스트와 같은 저비용항공사는 interline baggage 서비스를 일반적으로 제공하지 않는다. 한편 이른바 전통적 항공사legacy carrier는 이러한 서비스를 제공해왔다

수하물 자동연결Baggage Thru Check-In은 '국제선-국제선 연결'의 경우 수하물은 항공사에 상관없이 최종 도착지까지 자동으로 연결된다. '서울-오사카-나고야' 여정인 경우 일본 국내선 연결이 불가하므로 승객은 오사카에서 짐을 찾아 다시 부쳐야 한다.

국내선 연결이 가능한 미주미국과 캐나다의 경우 첫 기착지에서 짐을 찾아 세관검사를 받아야 한다. 검사를 끝낸 짐은 환승 승객용 컨베이어 벨트를 찾아 옮겨다 놓으면 된다.

수하물 분실 시 항공사의 책임은?

목적공항에 도착했는데 수하물이 없어지거나 지연되어 도착하는 황당한 경우가 가끔 발생한다. 공항에는 수많은 비행편은 물론 환승여객의 수하물을 해당 항공기로 보내기 위해 거미줄처럼 얽혀있는 수하물처리시스템을 운영하고 있다. 만약 이 시스템에 조금이라도 문제가 생긴다면 수많은 짐이 뒤섞이는 심각한 상황이 일어날 수도 있다. 실제로 세계 유수의 공항들이 수하물처리시스템 오류로 인해 개항 연기, 운영 혼란 등 대혼란을 겪은 바 있다. 그러나 인천공항의 경우 미탑재 수하물 발생율은 1만분의 0.5 수준으로 1만분의 4 수준인 싱가포르 창이 공항, 1만분의 10수준인 영국 히드로공항 등 해외 유수의 공항을 앞서며 최고의 정밀도를 자랑하고 있다.

월스트리트 저널이 2014년 6월 SITA의 통계를 인용한 기사에 따르면 2013년 위탁수하물 처리오류는 약 2천2백만 개에 달하며 2007년도에는 4천7백만의 가방을 잃어버려 항공업계가 배상한 비용만도 40억 불에 달했다고 한다. 따라서 아무리 공항 수하물 시스템이 정교하게 운영된다고 하더라도 일부 분실 가능성을 배제할 수 없다. 각 항공사는 깨지거나 부패하기 쉬운 물품, 하드케이스에 넣지 않은 악기류, 건강과 관련된 의약품, 고가의 개인 전자제품과 데이터, 보석이나 논문처럼 가치를 따지기 어려운 귀중한 물건은 배상하지 않는다고 명시하고 있다. 또한, 트렁크에 짐을 너무 많이 넣어서 훼손되거나 수하물을 취급하는 과정에서 일어난 작은 긁힘, 흠집도 책임지지 않는다. 우선 수하물을 부치기 전에 고가의 물건이 들어있는 경우 항공사에 신고해야 보상을 받을 수 있다. 최고 한도액은 2,500달러이고 100달러당 0.5달러를 지불하면 된다. 수하물의 훼손 및 분실 시에는 「몬트리올협약」에 따라 1인당 최대 약 1,250유로를 지불받게 된다.

수하물의 손상을 발견했을 때가 공항이면 즉시 항공사에 알리고, 공항을 떠난 이후라면 1주일 이내에 항공사로 그 사실을 통지해야 한다.

e-ticket의 장점은?

과거에는 항공권을 분실하면 큰 낭패였다. 발행된 항공권은 해당 발권 카운터에서 구간별로 찢어가서 항공권이 얇아지면 출장이 종료될 시점이 가까이 온 것을 알 수 있었다.

항공여행 관련 전산프로그램의 발달로 요즈음에는 종이 항공권 Paper Ticket 보다는 e-ticket 이 대중화 되었다. 우리나라에는 2005년 도입되었으며 2008년 6월 1일부터는 e-ticket 으로 통일되었다. e-ticket 의 장점은 티켓 분실에 대하여 걱정할 필요가 없으며 우편료/택배료 등 부대비용이 발생하지 않고 항공사 입장에서는 종이 티켓에 비해 저렴하다는 장점이 있다.

주의해야 할 사항은 출입국 심사와 세관심사 시 제시하기 위해 반드시 여정·운임영수증을 인쇄하여 휴대하여야 한다는 것이다. 여행 도중 일정을 변경하는 경우 전화나 인터넷으로 변경하면 되고 변경내용을 프린트하지 않아도 항공사 카운터에서는 전산으로 다 통보되었으며 e-ticket을 다시 출력할 필요는 없다.

마일리지의 허와 실

마일리지milage는 상품이나 카드의 사용실적에 따라 주어지는 보너스 점수를 말한다. 항공분야에서는 고객들의 이용실적에 따라 무료항공권 등의 혜택을 주는 제도로서 그 역사가 오래되었다.

사실 마일리지 제도는 항공사들이 고객을 다른 항공사로 눈을 돌리지 않게 하고 늘 충성스런 고객으로 남아 있도록 하는 유인제도로 활용해 왔다. 자녀들의 해외여행을 보너스 마일리지로 보내주기 위해 주야장천 한 항공사로 출장을 다닌 아버지 어머니들의 사례가 많은 것이다.

항공사 마일리지는 이렇게 항공사 영업을 뒷받침해 줬지만, 항공사 경영진들의 마일리지에 대한 개념은 매우 낮은 것으로 비난을 받곤 한다. 우선 마일리지 제도를 마케팅 도구 또는 소비자에 대한 시혜적 조치로 생각하는데 문제가 있다. 내가 축적한 마일리지를 사용하려고 해도 성수기에는 제한을 가하고 그나마 보너스 좌석은 너무 적은 수를 책정해 놔서 사용하기가 매우 어렵다.

항공사들은 2009년 시민단체로부터 항공사 마일리지 이용약관이 부당하다고 공정거래위원회 고발하기에 이르렀고 공정위는 2010년 스카이패스 회원 약관상 불공정 약관 조항에 대한 건에 대하여 전반적인 개선책을 마련한 바 있다. 주요 내용은 마일리지 유효기간을 5년에서 10년으로 연장하고 가족 마일리지 합산범위를 형제/자매, 배우자의 부모, 자녀의 배우자로 확대하고 보너스 좌석을 확대하는 등의 조치이다.

항공사들은 고객이 축적한 마일리지는 화폐기능을 하는 자산으로 인정하고 고객이 필요한 때 사용할 수 있도록 사고의 전환이 필요하다.

일례로 2009년 9월 유명 첼리스트 장한나 씨는 "내 첼로 기내식은 못 줘도 마일리지는 적립해 달라." 며 항공사의 마일리지 정책을 비판했다.

첼로 같은 고급 악기는 별도의 좌석을 구매토록 하면서 항공사는 첼로 좌석은 마일리지 적립을 인정하지 않았다. 결국, 항공사들은 첼로 좌석에 대하여도 마일리지를 인정하는 것으로 제도를 변경하였다.

slot의 경제학

slot을 우리말로는 '항공기 운항시각'이라고 한다. 양국 간 항공회담을 통해 운항횟수를 결정하게 되고 이렇게 설정된 운항횟수를 항공사들에 배분하게 되면 드디어 항공기는 손님을 태우고 비행을 시작할 수 있다. 그러나 여기서 끝나는 것이 아니고 또 하나의 관문을 통과해야 하는데 이것이 바로 slot 배정이라는 관문이다.

몽골의 울란바토르 칭기즈칸 국제공항 같은 한가한 공항에서는 slot은 전혀 문제가 되지 않는다. 공항 당국은 slot에 여유가 있으므로 선착순 원칙first come, first served에 따라 배정하면 된다. 그러나 어느 항공사든지 취항하기를 원하는 관문공항 즉 영국 런던의 히드로 공항, 중국 베이징 공항, 대한민국 인천공항 등의 경우에는 상황이 달라진다. 이러한 혼잡공항의 경우에는 slot 배정에 치열한 공방이 발생하며 특히 기존 대형항공사들이 기득권을 주장하고 과도한 slot 확보를 통한 신규항공사 진입을 저지하려는 문제점이 야기되기도 한다.

slot 배정받기가 하늘의 별따기인
영국 런던 히드로 공항(London Heathrow Airport)

slot과 관련된 국제기준을 살펴보면 우선 ICAO 는 국제항공운송매뉴얼 Doc 9626, Manual on the Regulation of International Air Transport에 다음과 같은 원칙을 기술하였다.

① slot에 대하여는 기득권historical precedence or grandfather rights이 주어진다.
② 사용 또는 박탈 원칙use or lose rule으로 확보된 slot에 대하여 시즌당 80% 이하로 사용하게 되면 기득권을 손실하게 된다.
③ 항공사 간에는 무상으로 상호 slot 교환이 가능하다.
④ 유상교환selling and buying of slot 방식으로 slot에 대한 구입, 판매, 임대를 허용한다.
⑤ 그러나 slot에 대한 소유권은 인정하지 않으며, 다만 장기간의 사용권을 인정할 뿐이다.

국제항공운송협회IATA는 slot 문제에 대하여 더욱 자세한 대처 방법을 WSGWorldwide Slot Guidelines에 기술하였다.

대한민국에는 slot과 관련한 항공법령은 없으며 국토교통부 훈령 항공기 운항시각 slot 조정업무에 관한 지침(국토교통부훈령 제242호, 2013.7.1.) 으로 스케줄협의회를 구성하여 혼잡 공항에 대한 slot 배분 업무를 하도록 하고 있다.

slot 배분은 공정성, 투명성 및 비 차별성 원칙에 의해 이루어져야 하지만 현실은 그렇지 않은 경우도 많다. 대형공사의 기득권 주장, 공항 당국의 국적 항공사에 대한 배려, 신규 항공사 또는 저비용항공사의 상대적인 불이익 등 slot 관련한 논쟁은 끊이지 않고 발생한다.

일례를 들자면 2013년 8월 13일 대한민국과 터키 간 항공회담으로 양국 간 운항이 주 7편에서 주 11편으로 4회 증편된 바 있다.

국토교통부는 대한항공과 아시아나항공에 각각 주 2편씩을 배분하여 대한항공은 주 6회, 아시아나항공은 5회를 운항할 수 있게 되었다. 물론 터키 정부는 늘어난 주 4회를 터키항공에 배정하였다.

문제는 터키항공은 인천공항에 늘어난 주 4편에 대한 slot을 무난하게 배정받았고 우리 국적 항공사들은 이스탄불 공항의 혼잡을 이유로 상당 기간 slot을 배정받지 못한 불균형이 발생하였다. 나중에 국토교통부가 터키 항공당국에 강력히 항의하여 slot을 배정받기는 하였지만, 항공사들이 원하는 시간대는 아니었다.

이렇게 항공당국, 공항운영자, 항공사들은 혼잡공항에서 손님들을 더 편리한 시간대에 모시기 위해 피 말리는 slot 싸움을 하는 것이다.

항공사의 비용구조

항공사는 어디에 얼마만큼 돈을 쓸까? 물론 항공사마다 비용구조는 다르므로 홈페이지에 들어가서 기업공개IR 보고서를 확인하면 자세하게 확인할 수 있다. 그러나 일반적인 항공사의 운영비용 operating expenses를 확인하려면 국제항공운송협회IATA 가 발행한 'US DOT Form 41 Airline Operational Cost Analysis Report'를 참고하면 미국 10대 항공사들의 비용구조를 알 수 있다.

2009년 기준으로 볼 때 연료비 fuel & oil가 23%로 가장 큰 부분을 차지하고 있고 승객서비스 passenger services가 18%로 그다음을 차지한다. 정비비 maintenance는 9%, 항공기 소유권 관련비용 AC ownership이 6%, 착륙료 landing fees가 2% 정도이다.

대한민국 국적 항공사들의 비용구조도 미국 항공사들과 유사하다. 다만 미국 10대 항공사들의 기타비용 others은 1%로 나타나는 한편 국적 항공사들은 기타비용이 10%가 넘게 나타나고 있어 국적 항공사들은 주주들에게 더욱 세밀하고 투명한 비용구조를 보고할 필요가 있으며 소액 투자자들도 항공사에 투명경영을 요구하고 비용항목을 꼼꼼하게 따질 필요가 있다.

기내에서 난동 부리면 패가망신

　1999년 10월 미국 댈러스에서 영국 맨체스터로 가는 아메리칸항공의 비즈니스석에 어맨다 홀트와 데이비드 마틴은 옆자리에 앉게 되자 서로 인사를 나누었다. 어느새 둘은 와인 두 병을 비우고 여러 잔의 코냑을 같이 마셨다. 객실 조명이 어두워지자 키스가 시작되었고 이어 두 남녀는 속옷 차림으로 부둥켜안았다. 캐빈승무원이 와서 자제할 것을 요청하였지만 만취한 두 남녀는 오히려 캐빈승무원에게 폭언하며 행패를 부렸다. 맨체스터 공항에 비행기가 도착하자 대기 중인 경찰이 '기내 소란'의 주인공들을 연행했다. 법원은 운항안전에 큰 영향이 없었으므로 징역형을 내리지는 않았으나 다른 승객들에게 정신적 불편을 주었다는 이유로 벌금형을 선고했다. 기내에서 난동을 부린 두 남녀는 각각 서로 다른 회사의 중역으로 이름과 회사명이 공개되었다. 본인뿐만 아니라 회사의 명예도 실추된 것이다.

　기내 불법행위가 매년 지속해서 증가하고 있는 것으로 나타나고 있다. 2010년 140건이던 기내 불법행위가 2012년 181건, 2013년에는 187건으로 늘어났다. 불법행위의 유형을 살펴보면 흡연이 81%로 가장 많았고 폭언 등 소란행위가 12%, 폭행·협박이 5%, 성희롱이 2%로 나타났다.

　정부는 이처럼 기내 불법행위가 지속해서 증가하고 있는 원인을 서비스 측면을 중시하는 항공사의 미온적 대응과 기내 불법행위에 대한 승객들의 인식이 부족해서 발생하고 있다는 판단을 내린 가운데, 기내 불법행위 근절을 위하여 모든 불법행위에 대하여 녹화 또는 녹음을 하고 항공기가 공항에 도착하면 관할 경찰대에 인계하여 법적 조처를 하도록 지도해 나가고 있다.

　항공사들은 홈페이지, 기내방송 등을 통하여 기내 불법행위는 항공보안법에 따라 엄격히 금지되고 있으며 이를 위반 시 5년 이하의 징역이나 500만 원 이하의 벌금을 부과할 수 있다는 안내를 하고 있다.

아울러 승무원 정기교육에 불법행위자 대응절차 교육과 실습을 강화하고 있다.

기내에서 과도한 음주 또는 불법행위를 할 경우 목적지 공항에서 유치장으로 직행할 가능성이 있음을 유념하여야 한다. 기내는 여러 명의 승객이 탑승하는 공용공간이다. 나의 일탈이 여러 사람을 불쾌하게 하고 심지어는 항공안전을 위협할 가능성이 있다는 사실을 알아야 하겠다.

항공보험

항공사고가 발생하면 천문학적인 배상비용이 발생한다. 그러나 항공사고가 발생하더라도 항공사의 부담은 그리 크지 않다. 항공보험이 대부분을 책임지기 때문이다. 항공보험aviation insurance 사고뿐만이 아니라 항공기 운항과 관련된 위험risk에 대한 배상목적으로 운영되고 있다.

항공보험의 시작은 런던에 본부를 둔 로이드Lloyd's사가 1911년에 시작하였다. 1929년 「바르샤바협약Warsaw Convention」이 항공사의 배상책임에 대하여 처음으로 규정하였고 1999년 「몬트리올협약Montreal Convention」이 실질적인 배상기준으로 작동되고 있다. 대한민국에서 운영되는 모든 항공기는 관련 법규항공운송사업진흥법 제7조(항공보험의 가입의무)에 의해 보험가입이 의무화되어 있는데 여객보험, 기체보험, 화물보험, 전쟁보험, 제3자 보험 및 승무원 보험이 포함된다. 항공사고의 배상액은 매우 크기 때문에 여러 보험회사가 관련involve되는 것이 정상이다.

2003년 7월 아시아나항공 214편 샌프란시스코 공항 착륙사고의 경우 총 23억8천만 달러항공기 약 1,480억 원, 배상책임 약 2조6천억 원의 항공보험을 LIG 손해보험 등 여러 보험회사에 가입, 피해보상에 큰 문제가 없었다. 이와 연관된 국내 보험회사들 역시 인수물량의 대부분약 98%을 외국 보험사에 재보험으로 가입하여 큰 손해는 없다. 사고를 발생시킨 항공사는 표면상으로 큰 손해는 없으며 현재 보유하고 있는 항공기에 대한 보험료율이 약간 인상되는 불이익이 있다. 그러나 1990년대 말 국내 항공사들의 사고가 연이어 발생하자 재보험 회사들이 보험가입을 거부, 정부에서 보증을 서야만 했던 사건도 있었다.

라운지 이용하기

 여행에 지친 몸을 이끌고 공항에 도착하여 항공기에 탑승하기 전 딱딱한 플라스틱 의자에 앉아 탑승을 기다리기보다는 조용하고 쾌적한 공간, 안락한 의자에 앉아 간단한 식음료를 즐길 수 있는 공간이 라운지lounge이다.
 라운지는 대부분 항공사가 운영하며 비즈니스 클래스 이상 승객에게 이용할 수 있게 한다. 이코노미석 승객도 소정의 사용료를 지불하면 라운지를 이용할 수 있으며 일부 프리미엄 카드사 등이 회원들의 편의를 위하여 라운지를 운영하기도 한다.
 라운지에는 간단한 요기를 할 수 있는 스낵과 와인, 음료수를 갖추어 놓고 있으며 최근에는 대부분 라운지에 인스턴트 컵라면을 준비해 놓는다. 몇몇 공항 라운지에는 샤워 시설이 설치되어 있는데 직원에게 요청하면 샤워 룸 키와 대형 타올을 제공한다. 항공기 탑승 전 시원하게 샤워를 하면 여행의 피로가 많이 경감됨을 느낄 것이다.

First Class lounge

샤워부스

고공에서는 술이 더 취한다.

최근 발생하고 있는 기내난동은 술과 연관이 많다. 술에 취해 이성을 잃은 승객이 승무원에게 무리한 요구를 하고 큰 소리로 다른 승객을 불편하게 할 뿐만 아니라 승무원 폭행 등을 하여 사법당국에 인계되는 경우도 있다.

그렇다면 비행기에서는 술이 더 취할까? 일반적으로 알려진 사실은 고공에서는 술이 더 취한다고 한다. 항공기 기내는 고공으로 올라가도 승객들이 편안하게 생활할 수 있도록 일정고도로 기압을 맞춘다. 이를 객실 고도라고 하는데 가령 비행기가 순항고도인 38,000ft로 비행할 때도 객실 고도는 8,000ft에 맞추어져 있다. 8,000ft는 사람이 산소마스크를 쓰지 않고도 편안하게 생활할 수 있는 적정 고도이다. 그러나 이 고도는 안데스 산맥 중턱에 자리한 고대도시 마추픽추Machu Picchu, 해발 2,430m와 같은 높이이다. 고도가 올라간다는 이야기는 압력이 낮아진다는 것을 의미하며 혈관이 팽창하게 되고 알코올 흡수가 빨리 되어 쉽게 취하게 된다. 따라서 기내에서는 와인과 맥주 같은 저 알코올 주류는 한 두잔, 위스키나 코냑 같은 독주는 얼음물에 희석하거나 아주 적은 양을 제공한다.

기내 wine 서비스

문제는 항공기에 탑승하기 전에 지상에서 마신 전작이 기내에서 마신 술과 합작하여 취하게 하는 것이다. 재미있는 사실은 이슬람 계열 국가의 항공사들 대부분도 기내에서 와인 등 알코올음료를 서비스하는데 유독 사우디 항공은 전 항공기 기내에서 알코올음료를 제공하지 않고 있다. 그뿐만 아니라 우리 국적 항공기가 사우디 공역에 진입한 후부터는 주류 제공을 중단할 것을 요구한다.

항공사들은 더욱 나은 객실 서비스를 위해 기내에서 서비스하는 주류는 소믈리에를 동원하여 엄선하여 제공하고 있다. 적당한 기내음주, 나는 물론 나와 함께 탄 승객들에게도 기쁨과 품격을 제공할 것이다.

세계에서 가장 먼 비행구간은?

　세계에서 가장 긴 국제선 정기편 노선은 콴타스항공의 시드니-달라스 노선이다. 2014년 9월 29일 취항한 노선으로 거리는 13,804km로 슈퍼점보 A380으로 약 17시간 소요된다.
　두 번째로 긴 노선은 델타항공의 애틀란타-요하네스버그 노선 13,582km이며 세 번째는 에티하드항공의 아부다비-LA 13,502km이다.
　이전의 최장 직항노선은 싱가포르항공이 A340으로 운항했던 싱가포르-뉴욕 15,345km 및 싱가포르-LA 14,114km노선으로 2013년 동계에 중단되었다. 타이항공은 A340으로 방콕-뉴욕 13,963km노선을 운항하다가 2008년 7월 중단했다.
　영국항공은 A350 등 신기재로 이른바 캥거루 노선인 런던-시드니에 취항한다면 17,000km로 최장거리 논스톱 기록을 갱신하게 될 것이다. 참고로 서울에서 정반대 쪽인 부에노스아이레스까지 거리는 19,474km이다.
　국내선 직항 최장거리 기록은 러시아의 모스크바-블라디보스토크 노선으로 약 6,420km이다. 트랜스아에로항공이 B747로 운항하며 모스크 발은 8시간 15분, 블라디보스크 발은 9시간 20분 소요된다.
　한편 세계에서 제일 짧은 정기 여객노선은 스코틀랜드의 오크니제도에 있다. 로건에어가 웨스트레이-파파웨스트레이 두 섬을 잇는 2.7km 노선을 운항한다.

유류할증료는 요금인가? 세금인가?

유류할증료는 항공유가가 단기간에 급등할 경우 발생하는 항공사의 원가 부담을 완화하기 위해 항공운임에 일정 금액을 추가로 부과하는 것으로 유가 하락 시 인하가 어려운 운임과는 달리 자동으로 인하되도록 고안된 제도로 전 세계 대부분의 항공사가 시행하고 있다. 따라서 유류할증료는 세금이 아니고 요금의 일종인 것이다.

현재 우리나라에는 2012년 1월 개편한 유류할증료 부과체계가 운영되고 있다.

부과 노선 군은 거리에 따라

① 일본, 중국 산동 ② 중국, 동북아 ③ 동남아 ④ 서남아, CIS

⑤ 중동, 대양주 ⑥ 유럽, 아프리카 ⑦ 미국

7개 노선 군에 따라 부과되며 상한 470센트/gal, 하한 150센트/gal 범위에서 33단계로 구분하여 1개월간 평균 유가(MOPS; Mean of Flatts Singapore)를 15일간 고지 후 1개월간 적용하는 방식을 취하고 있다. 그러나 현 제도는 미국 LA와 하와이가 같은 유류할증료가 적용되는 등 문제점이 있고 공정경쟁 문제도 제기되고 있어 개편을 검토 중이다. 유류할증료도 요금의 일부로 분류되는 만큼 경쟁체제 형태를 띠어야 할 것이며 거리 병산제가 유류할증료의 취지에도 부합할 것이다.

유류할증료

평균유가를 적용

비행기도 사용료를 낸다?

도심 주차장에 주차하면 상당량의 주차비를 내야 한다. 항공기는 어떨까? 상상 이외로 사용료 항목이 많다. 비행기 사용료의 가장 많은 부분을 차지하는 것은 착륙료Landing fee이다. 착륙료는 최대이륙중량 MTOW ; Max Take off Weight 기준으로 부과하는데 MTOW 395ton 인 B747-400 기준으로 인천공항은 약 350만 원인데 반해 일본 나리타공항은 약 1,700만 원, 두바이공항은 170만 원을 부과하고 있다.

이착륙하는 운항편에 대해 활주로 접근 등화, 활주로 및 유도로 표시 등화 등 공항의 항공 등화시설에 대한 요금인 조명료, 항공기의 주기장 지역 사용에 대하여 부과하는 정류료와 탑승교 사용료가 항공사에 부과된다. 이러한 공항시설 사용료는 공항을 운영하는 공항공사 수입의 원천이 된다.

항공기 운항과 관련된 수입을 항공수익air-side revenue이라고 하고 터미널에서 사무실 임대, 면세점 등 상점운영 수익을 비항공수익land-side revenue이라고 한다. 착륙료 등을 인상하면 공항은 수익을 올릴 수 있지만, 항공사가 비용절감 차원에서 착륙료가 저렴한 공항으로 노선을 변경할 경우 아예 수입원이 없어지게 되므로 적절한 착륙료 책정이 매우 중요하다. 각 공항은 신규항공사 유치를 위해 각종 인센티브 제도를 운용하는 데 한국공항공사의 경우 국제선 신규취항 항공사에 대하여 1년간 착륙료, 조명료, 정류료를 면제해 주는 제도를 시행하고 있다. 항공사들은 이에 추가하여 항행안전시설 사용료를 납부하여야 한다. 항공기 가격만 보고 한 대 장만해야 하겠다고 생각했다면 오산이다. 항공기는 뜨고 내려도 돈이 들고 가만히 세워놓기만 해도 비용이 나가는 매우 비싼 애인인 것이다.

항공운송과 GDP

항공운송산업은 경기에 매우 민감하다. 지속적인 성장을 해오다가도 2000년 아시아 경제위기, 2001년 9.11 테러, 2004년 SARS 창궐, 2006년 세계 경제위기 등 세계적인 악재가 발생할 때마다 주춤하였다. 그러나 아래 표에서 알 수 있듯이 GDP 성장과 항공운송 수익RPK; Revenue Per Killo은 비례하여 움직여 왔으며 전반적으로는 견고한 성장세를 지속해 왔음을 알 수 있다.

ICAO연보Annual Report에 따르면 2012년 총 정기여객운송은 약 4.9% 성장한 것으로 나타났다. ICAO는 2014-2015 기간 동안 약 4.2%의 GDP 성장과 5.9%의 RPK 성장을 예측했다. 따라서 앞으로도 중동 정세에 따른 유가 불안, 에볼라바이러스 등 전염병 확산에 따른 여행 위축 등의 악재에 단기간 영향을 받을 수도 있지만, 항공운송산업은 약 5% 내외의 성장을 지속할 것으로 대부분 분석기관이 내다보고 있다.

온도는 낮게 하고 담요를 나눠준다?

항공기 기내온도가 낮은 게 좋을까? 아니면 높은 게 좋을까?

정답은 '적당한 게 좋다' 일 것이다. 그러나 인간이 느끼는 정당한 온도는 다 다르다. 항공기 온도는 에어컨 팩이라는 장비로 조절한다. 항공기가 순항하는 고고도는 -50℃ 정도이므로 바깥 공기를 바로 객실에 공급하면 모두 얼어 죽게 된다. 따라서 엔진에서 뜨겁게 데워진 공기를 에어컨 팩을 통해 적당하게 온도를 조절하고 필터를 통해 나쁜 냄새와 이물질을 제거한 깨끗하고 적당한 온도의 공기가 객실 내로 공급되게 되는 것이다.

비행기 기내 전체의 온도는 조종사가 일괄적으로 설정하지만, 캐빈승무원은 담당 지역마다 개별적으로 온도를 조절할 수 있다. 객실 온도는 승객 수에 따라도 달라지기 때문에 적정 온도를 맞추기는 쉽지 않다. 따라서 항공사들은 대부분 객실 온도를 낮게 설정하고 담요를 나누어 주는 방식을 취하고 있다. 일반적으로 남성은 높은 온도를 참지 못하는 편이며 여성의 경우 낮은 온도가 수면을 방해한다고 불편을 호소하는 경우가 많다.

가장 문제가 되는 경우에는 항공기가 지상에서 대기하고 있을 때 엔진을 작동하지 않기 때문에 보조동력장치를 에어컨 팩의 근원으로 사용하게 되는데 충분한 용량이 되지 못하기 때문에 승객들은 찜통 객실에서 고생하는 경우가 있다. 이 경우에는 에어컨 차량을 항공기에 연결하여 쾌적한 공기를 공급하여야 한다.

First Class Cabin

기내담요(airline blanket)

승무원은 어떻게 부르는 게 좋을까요?

    캐빈승무원은 영어로 남·여 승무원 모두를 flight attendant라고 칭한다. 과거에는 남 승무원 steward, 여 승무원은 stewardess라고 호칭했고 현재에도 캐빈승무원 학원 광고에는 많이 쓰이는 표현이다.

    승무원은 '승무원'이라고 부르는 것이 제일 좋다. 캐빈승무원을 아가씨, 어이~, 저기요~ 등으로 부른다면 좋은 서비스를 기대하기 어려울 것이다. 호칭이 어렵다면 좌석마다 배치된 승무원 호출 버튼 crew call button 을 누르면 주변 좌석 승객들에게 소음피해를 주지 않으면서 승무원을 불러 서비스를 요구할 수 있다.

crew call button

뚱보는 요금을 더 받아야?

"Should airlines charge passengers by weigh?"

옷을 살 때 XXXL사이즈와 SSS사이즈의 가격이 같은 것에 불만을 느끼는 사람은 없다. 항공기 탑승 시 뚱보와 날씬이의 요금이 같은 것에 불만이 있어 제도를 개선한 항공사가 있다.

남태평양 사모아에 있는 사모아항공Samoa Air은 승객과 수하물의 무게에 따라 요금을 부과한다. 이러한 제도를 pay-by-weight이라고 하며 사모아항공은 'Pay what you weight'를 슬로건으로 사용하고 있다. 승객은 항공권 예약 시 자신의 몸무게와 휴대 수하물의 무게를 입력하고 실제 공항에서 저울 위에 올라가 무게를 잰다. 사모아 항공의 이러한 정책이 이해되는 점은 사모아 사람들의 74.5%가 뚱보이며 93.5%가 과체중이라는 것이다.

더욱이 사모아에어 항공기는 Britten-Norman Islander(BN-2)로서 2명의 조종사와 9명의 승객이 탑승하는데 최대이륙중량이 6,600파운드이고 자체중량이 3,675파운드라서 승객 모두가 뚱뚱한 사람인 경우 이륙 자체가 어려운 실정이다. 사모아항공은 kg 당 57.5센트로 계산하여 120kg 이하의 무게가 나가는 승객은 이전보다 저렴하게 항공권을 구입 할 수 있다고 홍보하고 있다.

그렇다면 일반 항공사 중에 승객 무게에 따라 요금을 받고 싶어하는 항공사는 없을까? 항공사는 무게가 많이 나가는 승객은 그만큼 연료소모가 많게 되므로 요금을 더 받고 싶어 한다. 그러나 항공사가 이러한 제도를 도입하면 뚱보들로부터 차별에 대한 거친 항의를 받을 것이고 무게를 재기 위해 추가로 직원을 고용해야 하는 문제도 있지만 가장 문제가 되는 것은 승객의 무게를 재는 과정이 추가됨에 따라 공항에서 대기하는 라인이 길어짐에 있다. 따라서 현재로써는 승객의 무게를 재려고 시도하는 항공사는 없으며 저비용항공사들도 마찬가지이다.

다만 사우스웨스트항공이 팔걸이armrest에 들어가지 않는 뚱보 승객에게 좌석을 추가로 하나 더 구매하게 하는 정책을 시행하고 있다. 날씬이들이 저렴한 항공권을 구매하기 위해서는 좀 더 기다려야 할 것 같다.

무게에 따라 요금을 부과하는 사모아항공

pay-by-weight

항공의 Golden Age

항공의 Golden Age가 언제냐고 하면 1903년 라이트형제가 동력비행에 성공한 이후 1930년 새로운 비행기가 등장하고 신기록이 수립된 기간이라고 하기도 하고 제2차 세계대전이 끝난 후 늘씬한 승무원이 럭셔리한 객실에서 서비스를 시작한 기간이라고 하기도 한다.

우리나라에서는 언제가 항공의 Golden Age였을까? 한국전 직후에는 항공기 운항에 대한 규제가 지금보다는 훨씬 적었기 때문에 비교적 자유로운 비행이 가능했다고 한다. 애인이 시골학교 교사인 경우에는 비행기를 몰고 시골학교 상공으로 가서 선회비행을 하며 자신의 사랑을 고백하기도 하고 전투기 조종사의 경우에는 팬텀F-4 항공기로 저고도 비행을 하다 보니 after burner로 소나무에 불을 붙였다고 너스레를 떠는 사람도 있다.

요즈음에는 레이더가 발달해서 이런 방식으로 비행하게 되면 즉각 적발되어 처벌을 피할 수 없게 된다. 9·11 이전에는 미국 항공기들은 조종석 출입문을 열어놓고 비행하는 경우가 많았고 어린이들은 캐빈승무원의 안내를 받아 조종석 체험을 하는 경우도 있었다. 9·11 이후 조종석 출입문은 방탄으로 강화되었고 늘 잠그도록 규정이 바뀌었다.

혹자는 항공의 Golden Age는 현재라고 주장한다. 과거보다 항공기 속도는 빨라졌고 It's Faster 안전해졌으며 It's safer, 객실 서비스는 품격이 높아졌고 It's more luxurious 무엇보다 항공권 가격이 싸졌다 It's cheaper 는 것이다.

당신은 항공의 Golden Age는 어떤 때였는가? 흡연자들은 30,000ft 상공을 비행하는 항공기 좌석에서 담배를 피울 수 있었던 때를 Golden Age라고 할 것 같다.

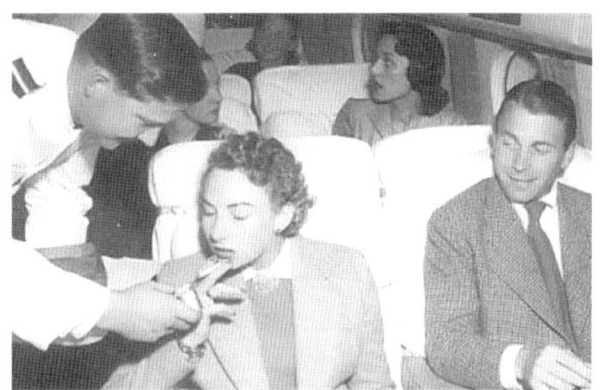
기내에서 흡연하던 시절도 있었다.

비행기 날자 머 떨어진다?

김포공항 인근에는 비행기에서 뭔가 떨어진다는 민원이 가끔 발생한다.
"서울 구로구 궁동 오류고등학교에 재직 중인 이모 교사는 퇴근하려다 자신의 승용차에 황갈색 이물질이 떨어져 있는 것을 보고 크게 당황했다고 한다. 그는 오류고에 7년째 근무하고 있는데 이 같은 일을 수없이 겪었다고 이모 교사는 김포공항을 드나드는 비행기에서 버리는 인분이라고 생각, 불편함을 감추지 못했다."고 보도 하기도 한다. 그렇다면 이모 교사의 차에 떨어진 황갈색 이물질은 무엇일까? 정답은 꿀벌bee의 배설물이다.

1994년도에 김포공항 인근에서는 가뜩이나 소음피해에 시달리던 주민들이 주택가는 물론 차량 위에 떨어지는 이물질 때문에 흥분해서 집단 민원을 제기한 사건이 있었다. 놀란 항공당국은 이물질을 수거하여 KAIST에 성분 분석을 의뢰하였다. 결과는 질소성분이 다량 함유된 유기물질로 나왔다.

주민들은 초창기 기차에서 사용하던 인분의 공중투기라고 결론, 항공당국에 배상소송을 제기하기로 하였고 변호사도 승소를 자신하였다. 비행기에 발생한 화장실 오물은 저장탱크에 저장했다가 100% 지상에서 차량으로 옮겨 처리하고 있는데 항공당국은 이 사실을 주민들에게 아무리 설명해도 먹혀들어가지 않았다. 결국, 수거된 이물질 일부를 항공기 제작사인 Boeing 사로 보냈고 그들은 현미경으로 조사하던 중 꿀벌의 다리털과 꽃가루화분 세포를 확인한다. 결론은 꿀벌의 배설물이었다.

김포공항 인근의 민원이 제기된 지역을 확인해 보니 다수의 양봉 농가가 꿀을 따기 위해 벌통을 설치하고 있었다. 사실은 비행기가 착륙하기 위해 저고도로 지나가면 벌들이 놀라 공중에서 배설하는데 이때 자기 몸무게의 약 20%를 배설한다고 한다. 결국, 벌의 배설물에 대하여 항공당국에서 배상할 수는 없는 문제이기 때문에 해당 소송은 이루어지지 않았다. 이렇게 비행기는 꿀벌의 배설물 때문에 오해를 사기도 한다.

승무원은 어디서 쉬나요?

장거리 노선에 투입되는 승무원들은 교대로 휴식을 취하게 된다. B767 같은 비교적 소형 여객기는 별도의 승무원 휴식공간을 마련할 수 없어 객실 뒤쪽 좌석에 커튼을 달아 승무원들이 쉴 수 있도록 하기도 하였다.

최근에 제작된 대형 항공기들은 승무원들에게 비교적 안락한 휴식 장소 crew rest area 또는 crew rest compartment를 제공한다.

승무원 휴식 장소를 다른 말로 벙커bunker라고도 하는데 이는 과거 전투에 참여하는 병사들이 야외에 구덩이를 파고 쉬거나 숨는 참호를 의미한다. 승무원들의 휴식 공간이 불편하게 만들어져 운영되었음을 알 수 있다.

승무원 휴식 장소는 탑승 승객수를 최대화하기 위해 B777 항공기와 같이 객실 뒤편 천장 공간, A340-500 같이 객실의 아래쪽 즉 화물실 부분을 할애하여 설치하고 입구도 매우 좁으므로 일반 탑승객들의 눈에는 거의 안 뜨인다.

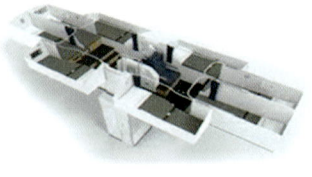

B777 crew rest compartment

episode
007

공항

활주로의 번호 부여방법
진입각지시등(PAPI)은?
활주로와 유도로 등의 차이점은?
항공장애등은 무엇인가요?
공항 주변에는 높은 건물을 지을 수 없나요?
공항 소방대는 어떤 기준으로 설치하나요?

1935년 3월 13일 팬암항공은
미국 정부로부터 태평양 제도의 공항건설 인가를 받았다.
노스헤븐호를 웨이크섬, 미드웨이섬, 괌섬에 파견하여
1935년 7월까지 시험비행할 수 있도록 추진했다.
이 배에는 일꾼 74명, 엔지니어 44명이 승선하고
건설재료 6천 톤이 탑재되었다.

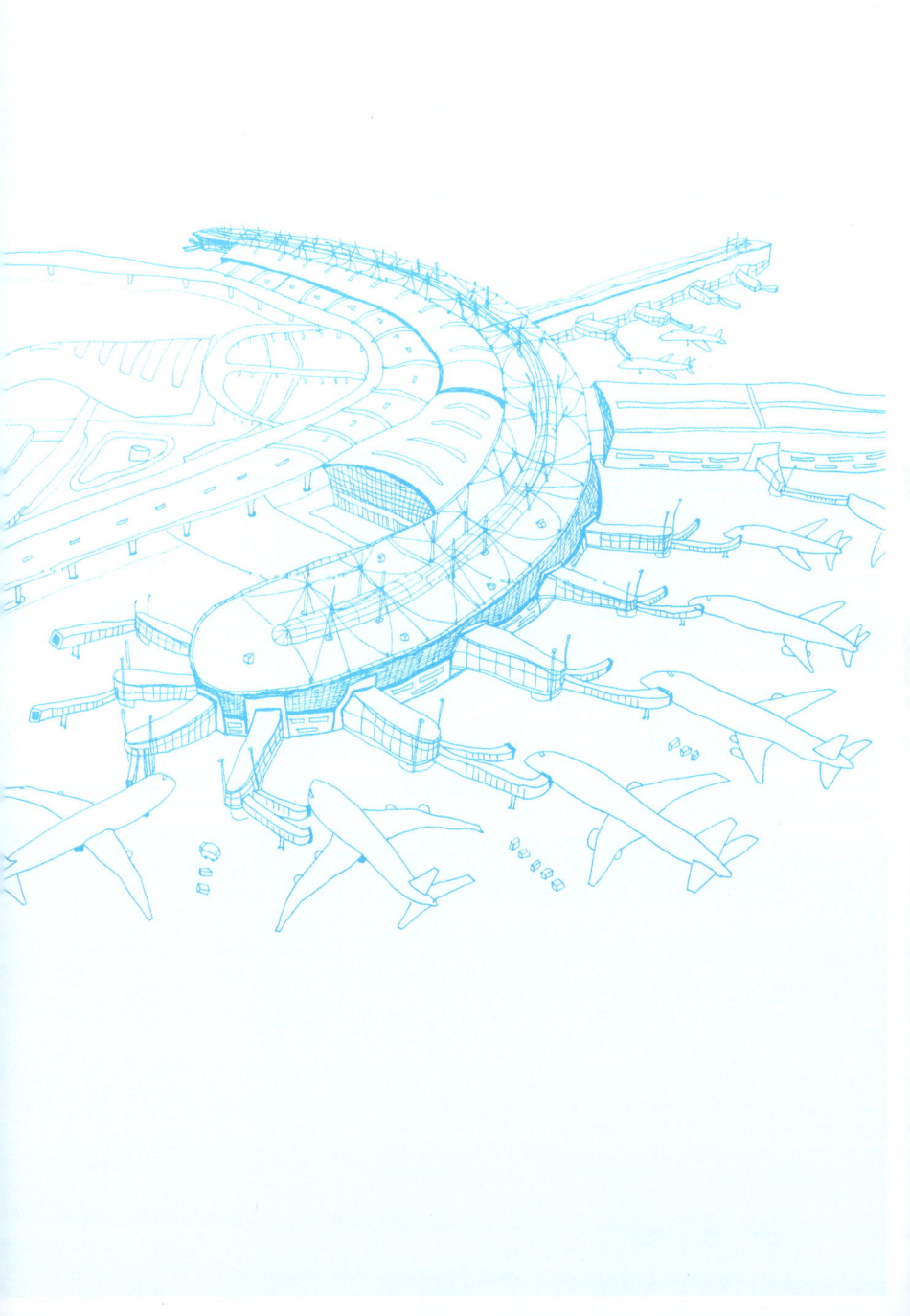

활주로의 번호 부여방법

비행기가 공항에 착륙한 후 활주로를 벗어나 유도로로 들어갈 때 노란색 표지판에 화살표와 함께 숫자 15, 33, 36 등이 적혀있는 것을 보게 되곤 한다. 이 숫자들은 활주로의 방향을 나타낸다.

남북으로 놓인 활주로에서 남쪽에서 북쪽으로 바라보는 방향은 360도라는 의미로 끝자리 0을 빼고 활주로 노면에 '36'이라고 표기한다. 그 활주로의 반대편 즉 북쪽에서 남쪽을 바라보는 방향은 180도라는 의미로 역시 끝자리 0을 빼고 '18'이라고 표기한다. 동서로 놓인 활주로가 있다면 동쪽으로 보는 방향에는 09(90도), 서쪽으로 보는 방향은 27(270도)이다. 남쪽에서 시작하여 시계 반대방향으로 각도가 늘어난다고 보면 된다.

인천국제공항의 활주로는 북서-남동 방향으로 설치되어 있다. 남동쪽 끝은 33으로 반대쪽 북서쪽 끝은 15로 활주로 번호가 부여되어 있다. 양쪽 활주로의 숫자는 큰 것에서 적은 것을 빼면 항상 18이 나온다. 이유는 활주로가 직선이기 때문이다. 활주로가 같은 방향으로 두 개가 나란히 설치되는 경우 평행 활주로라고 하며 숫자 뒤에 L(Left), R(Right)를 붙여 구분한다. 세 개의 활주로가 평행으로 설치된 경우에는 중앙 활주로에 C(Center)를 붙인다.

한편 활주로가 네 개 이상 평행하게 설치되는 경우 구별하기 위한 목적으로 숫자의 차이를 둔다. 5개 활주로가 평행하게 설치된 미국 댈러스 공항은 17L, 17C, 17R, 18L, 18R로 표기한다.

평행활주로

진입각지시등(PAPI)은?

진입각지시등 즉 PAPI Precision Approach Path Indicator는 공항에 착륙을 위해 접근하는 조종사에게 적정한 활공각도를 제시해주는 장치이다.

활주로 왼편 또는 양쪽에 설치되며 4개의 등에서 두 개는 적색등 두 개는 백색등이 보이면 항공기는 3도의 적정 활공각 glide path 으로 비행하고 있음을 의미한다. 4개의 등이 모두 적색이면 적정 활공각보다 매우 낮게 비행하고 있다는 의미이고 4개가 모두 백색이면 적정 활공각보다 높다는 이야기이다.

PAPI는 시계비행 방식으로 비행하는 경우에 사용되며 주간에는 5mile, 야간에는 20mile 떨어진 곳에서도 볼 수 있다. 계기비행 방식으로 비행하는 항공기는 정밀접근장치 ILS; Instrument Landing System 중 GS glide slope 전파를 따라 접근하지만, GS가 고장 나거나 정비에 들어가면 부득이 PAPI에 의존해서 착륙해야 한다.

따라서 조종사들은 늘 'two red and two white'를 맞추기 위해 노력하면서 착륙을 시도한다.

진입각지시등
(Precision Approach Path Indicator)

활주로와 유도로 등의 차이점은?

활주로 등은 공중에서 착륙을 준비하는 조종사에게 도움을 주기 위하여 설치하는데 활주로의 시작과 끝을 알리는 활주로 시단등Runway Threshold Lights와 활주로 양측에 설치하는 활주로등Runway Edge Lights이 있으며 활주로의 중심선에 설치되는 활주로중심선Runway Center Line Lights이 있다.

활주로 등은 백색등이고 활주로 중심선은 활주로 길이가 1,800m 이상인 경우 활주로 종단으로부터 활주로 방향으로 300m까지는 진입 방향에서 적색등, 300m에서 900m까지는 적색과 가변백색등이 교대로, 900m 이후는 진입방향에서 가변백색으로 설치한다. 즉 활주로에 진입하는 조종사의 시야에서 볼 때 처음에는 백색등이 보이다가 활주로 종단이 다가오면서 적백 혼합등으로 바뀌고 마지막 300m는 적색등이 보이게 되어 활주로 끝 부분이 다가옴을 시각적으로 알려주는 역할을 한다.

반면 유도로 등은 청색등이고 유도로중심선등은 녹색등을 설치한다. 이렇게 활주로 등과 유도로 등은 명확하게 색깔로 차이가 나도록 설치하지만 간혹 활주로 대신 유도로에 착륙하는 사고가 발생한다. 사고가 나려면 녹색과 청색으로 무장한 유도로도 백색등이 켜져 있는 활주로로 착각하게 하는가 보다.

유도로등

활주로등 및 활주로중심선등

항공장애등은 무엇인가요?

　헬리콥터 도심 추락사고 이후 고층건물에 설치되는 항공장애등과 항공장애 표지가 관심을 끌고 있다. 항행장애등과 표지는 비행 중인 조종사에게 장애물이 있음을 알려주어 회피하여 안전하게 비행토록 하는 시설이다. 공항 인근의 장애물 제한구역 내에 건물이나 시설이 장애물 제한표면보다 높거나 60m 이상이면 항공장애등을 설치하여야 하고 장애물 제한표면 밖에는 높이 60m 이상 건물 중 굴뚝이나 철탑같이 눈에 잘 안 보이는 구조물과 높이 150m 이상의 건물이 설치 대상이다 관련법규 : 항공법 제83조, 항공법시행규칙 제 247조부터 제257조, 「항공장애표시등과 항공장애 주간표지의 설치 및 관리기준(국토교통부 고시 제2013-833호)」.

항공장애등

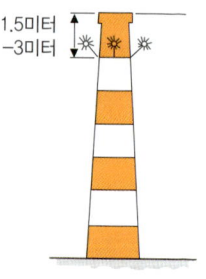

항공장애등의 설치

　2014년 기준 서울에는 N서울타워높이 240m 등 148개소에 항공장애등이 설치되어 운영되고 있으며 2014년 1월부터 전국의 모든 항공장애등 및 표지에 대한 설치·관리업무가 지방자치단체에서 국토교통부 소속 지방항공청으로 이관되어 운영되고 있다.
　항공장애등과 항공장애 표지는 안개 등 기상조건 악화로 저 시정 상태에서 시계비행을 하는 조종사에게 건물 등 장애물의 육안식별에 큰 도움을 주기 때문에 철저하게 관리되어야 한다.

항공장애표시구

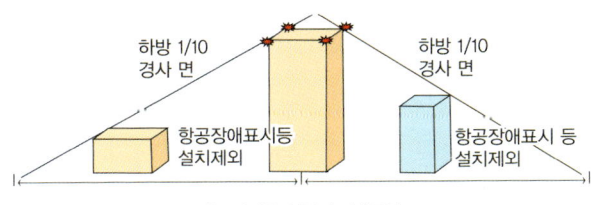

항공장애등 설치의 면제구역

공항 주변에는 높은 건물을 지을 수 없나요?

바람직하기는 공항 주변에는 어떤 장애물도 없는 것이 좋다. 항공기가 이착륙함에 있어 장애물은 비행안전에 도움을 주지 않기 때문이다. 홍콩의 경우에는 공항 인근에 높은 구릉과 고층빌딩이 인접하여 이착륙하기가 매우 어려웠던 카이탁 공항을 폐지하고 환경이 훨씬 좋은 첵랍콕 공항을 건설하여 이전하였다. 인천국제공항도 바다를 메워 건설한 관계로 공항 인근 장애물 문제가 근본적으로 발생하지 아니한다.

그러나 도심 인근 공항들은 늘 고도제한 때문에 민원이 제기될 수밖에 없다. 공항 인근 주민들의 재산권 행사도 중요하지만, 무엇보다도 비행안전이 우선이므로 법령 항공법 제82조장애물의 제한 등으로 고도제한을 하고 있다. 김포공항 인근에 아파트 등 건물을 건설하고자 하는 민원이 있으나 고도제한에 묶여 이루어지지 않고 있으며 제2 롯데월드의 경우에도 2009년 3월 롯데 측이 서울공항 동편 활주로를 3도 틀어서 이설하는 비용을 전액 부담하는 조건으로 인가되었다.

장애물 제한 표면은 진입표면approach surface, 전이표면transitional surface, 수평표면horizontal surface 등이며, 이러한 표면을 침투하는 장애물은 허가될 수 없다. 다만 지방항공청장이 침투하는 장애물이 제거하기 곤란한 고정물체 즉 구릉 등에 의해 차폐된다고 인정하거나 항공학적 검토 결과 안전운항에 악영향을 미칠 우려가 없다고 판단되는 경우에는 예외다. 항공안전과 재산권 보호, 공항 인근에서는 늘 충돌되고 있는 가치이다.

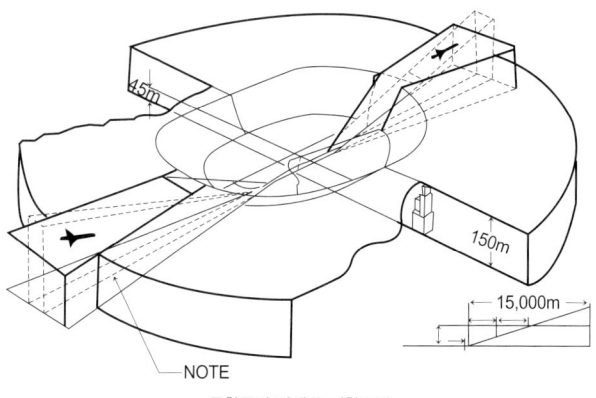

공항주변 장애물 제한표면

공항 소방대는 어떤 기준으로 설치하나요?

 항공기가 비상을 선포하고 공항에 접근하면 소방차와 구급차가 출동하여 대기한다. 바퀴다리가 내려오지 않는 경우 부득이 동체착륙을 해야 하는데 이때 항공기 손상을 최소화하고 화재 발생을 방지하기 위하여 활주로에 소화액을 뿌리기도 한다.
 이처럼 공항 소방대는 공항 운영에 있어 필수적인 조직이다. 그렇다면 공항의 소방능력은 어떻게 결정할까?
 공항의 구조 소방 등급은 해당 공항을 이용하는 항공기의 길이전장, 동체의 폭, 운항 횟수에 근거하여 결정한다. 구조 또는 소방을 위한 비상대응 시간은 최적의 시계와 노면 조건에서 운영 중인 활주로의 모든 지점과 항공기 이동지역까지 도달하는 시간이 3분을 초과해서는 안 된다. 따라서 인천공항같이 대규모 공항은 1개의 소방대를 설치해서는 공항 전 지역에 3분 이내에 출동할 수 없으므로 보조소방대를 추가로 설치한다. 첫 출동차량 이외에 소화재를 탑재한 구조 소방 차량은 최초 출동요청을 받은 후 최소 4분 이내에는 현장에 도착하고 지속적인 소화제 분사가 가능하여야 한다.
 공항에서는 주기적으로 가상의 사고 상황을 설정하고 관제탑에서 사고 발생을 알리면 소방차와 구급차가 실제로 출동하고 몇 분 만에 도착했는지를 측정하는 훈련을 한다. 공항 소방대는 관제탑과 공항 내의 다른 소방대 및 구조·소방차량을 연결하는 독립적인 통신체계를 운영하도록 규정되어 있다.

공항소방훈련

공항소방차

episode
008

항공의 내일

젊은이들이여 국제기구로 진출하자
가장 안전한 교통수단은?
항공 자유화 확대와 국적 항공사의 경쟁력 강화
장거리 LCC의 과거와 미래
항공 안전 개념의 적용확대로 안전한 대한민국을 만들자

"앞으로 해야 할 일은 더 많은 한국인들이 ICAO에 와서 일하는 것이다.
ICAO에서 더 많은 사람이 일을 하게 되면 한국의 국가적 위상도 높아질 수 있다.
지금까지 한국인들이 ICAO에 많이 진출하지 못한 것은
'언어' 때문이라고 생각한다.
그러나 이는 극복해야 한다."

- 레이몬드 벤자민 ICAO 사무총장, 《2010년 5월 연합뉴스 인터뷰》
한국이 ICAO내 역할을 강화하기 위해 어떤 분야에 주력해야 한다고 생각하느냐는 질문에

젊은이들이여 국제기구로 진출하자

반기문 UN 사무총장이 우리 젊은이들에게 많은 감동을 주는 것은 충북 음성의 가난한 시골 마을에서 태어난 그가 UN 사무총장으로 연임되어 활약하는 국제적인 인물이 되었기 때문이다.

항공부문에서는 그동안 국제기구 진출 성적이 초라하다. 2001년 국제민간항공기구 이사회의 일원이 된 이래 5연임 이사국 지위에 있는 대한민국은 ICAO에서 큰 목소리를 내지 못해왔다. 그 이유는 물론 언어적인 제약도 있지만, 전문성을 중시하지 않는 인사제도 때문이다. 주 ICAO 대표부의 대사는 항공에 대한 이해가 부족한 외교부 출신이 보임되고 있으며 국토교통부에서 파견되는 인력도 순환보직 원칙에 따라 2-3년 주기로 교체되고 있어 전문성을 확보하기 어려웠다. ICAO에서 우리 목소리를 내려면 전문성 있는 인사가 중·장기간 파견되어 활약할 필요가 있으며 이런 경우 이사회 의장 또는 사무총장 자리도 우리 인력이 도전할 수 있을 것이다.

ICAO 사무국의 경우에는 현재 대한민국 출신 전문인력이 2명 채용되어 활약하고 있다. 우리 젊은이들이 전문성과 언어능력을 갖춘다면 ICAO에 채용되어 UN 패스포트를 가지고 전 세계를 누비며 미래 항공정책 수립에 기여하는 영광이 있을 수 있다. 이미 대한민국 출신 전문인력의 창의력과 성실성은 널리 인정받고 있다. 젊은이들은 국내에서만 일자리를 찾을 것이 아니라 전 세계를 상대로 야심 있게 도전할 필요가 있다.

가장 안전한 교통수단은?

가장 안전한 교통수단은 어떤 것인가 하는 질문에 대부분 기차를 선택할 것이다. 왜냐하면, 기차는 레일 위를 달리는 선 운동 즉 1차원 운동을 하는 것이고 자동차, 선박은 평면 위를 움직이는 2차원 운동을 하기 때문이다. 그만큼 변수가 많아진다는 이야기이다. 비행기는 3차원 공간을 고속으로 운항하기 때문에 얼핏 생각하면 가장 위험한 운송수단으로 생각하기 쉽다.

미국 교통부DoT: Department of Transport 통계에 따르면 교통수단별 사망자 수 비교평가에서 2012년 기준 자동차 33,561명, 선박 714명, 철도 561명, 항공 447명으로 항공이 가장 안전한 교통수단으로 평가되었다. 그렇다면 3차원 공간을 빠르게 비행하는 항공이 가장 안전한 교통수단이 될 수 있는 비결은 무엇일까?

항공의 초창기에는 엄청나게 많은 인명의 희생이 있었다. 검증되지 않은 기체와 엔진을 가지고 기초적인 항법 장비에 의지해 비행하다 보니 사고가 끊이지 않고 발생하였다. 그러나 항공공학의 비약적인 발전으로 이제는 거의 최고도에 달해 더 이상 발전하기 어려운 항공기와 엔진, 정확한 항행안전시설과 숙련된 관제사의 활약으로 비행안전은 획기적으로 개선되었다. 특히 조종사에 대한 교육훈련이 체계적으로 수립되어 비정상 상황에 대한 대처능력이 급신장하였으며 이 과정에서 모의비행장치의 활용이 큰 몫을 하였다.

항공기에는 공중충돌방지장치ACAS : Airborne Collision Avoidance System, 지상충돌경보장치GPWS : Ground Proximity Warning System 등 첨단 장비가 조종사의 실수를 사전에 방지토록 경고하는 시스템도 갖추어져 있다. 이렇게 안전한 항공기, 숙련된 조종사와 관제사, 첨단 시스템이 결합하여 가장 안전한 교통수단으로 항공이 우뚝 서게 된 것이다. 항공분야는 이에 만족하지 말고 더욱 안전하고 쾌적한 서비스를 제공하기 위하여 부단히 노력하여야 한다.

항공 자유화 확대와 국적 항공사의 경쟁력 강화

항공 자유화는 전 세계적인 흐름으로 자리 잡고 있다. 미국의 경우 우리나라를 포함하여 100개 국가 이상과 항공 자유화Open Skies 협정을 체결하였고 확대해 나가고 있다.

유럽연합EU도 항공 자유화 확대를 지속하여 추진하고 있으며 아시아 10개국 연합체인 아세안ASEAN도 다자간 항공 자유화 협정 체결을 위해 로드맵을 수립하고 진행 중이다. 우리나라도 이미 많은 국가와 자유화 협정을 체결하였으며 그 수를 늘려나가고 있다.

그러나 우리 국적 항공사들이 자유화를 꺼리는 국가들이 있다. 우리보다 비교 경쟁력이 높은 싱가포르, UAE, 카타르, 터키 등이다. 이들 국가는 항공운송을 차세대 국가 성장동력으로 설정하고 적극적으로 지원하고 있으며 천문학적 금액을 투자하여 신형항공기를 구매하고 전 세계 항공시장을 잠식하기 위하여 전력투구하고 있다.

반면 우리 국적 항공사들은 획기적인 경영혁신 노력 없이 정부에 국적 항공사 보호를 위해 항공 자유화를 유보해 달라고 요청하고 있다. 전 세계 하늘을 지배하고 있는 항공 자유화의 물결을 거스를 수는 없다. 이제 더는 애국심에 호소하여 요금이 비싸도 국적 항공사를 이용해 달라고 말할 수 없는 시대가 되었다. 우리 국적 항공사들은 획기적인 경영개선을 통해 싱가포르 항공, 아랍에미레이트 항공과도 당당하게 겨뤄 이길 수 있는 경쟁력을 갖추어야 하겠다.

항공운송은 열린 시장이다. 이용객들은 이미 항공사의 국적을 떠나 저렴한 티켓가격, 편리한 연결편을 제공하는 항공사를 선택하게 되어 있다. 과거에는 국적 항공기에 탑승하면 언어적인 문제가 없는 장점이 있었으나 미래 세대는 영어소통에 아무 문제가 없으며 카타르 항공의 경우 한국인 캐빈승무원을 1,000여 명 채용하여 한국 노선에 투입하고 있다.

투명한 경영, 안전 위주의 경영을 통해 항공사들이 거듭나지 않고는 항공 자유화의 도도한 물결, 저비용항공사 활약이라는 압박에서 살아남기 힘든 시대가 되었다. 위기는 기회라고 하지 않는가? 항공분야는 위기를 극복하면 전 세계 하늘을 대상으로 뻗어 나갈 수 있는 블루오션이기도 한 것이다.

장거리 LCC의 과거와 미래

사우스웨스트항공 1971년 6월 18일 운항을 시작했다. 저비용항공사의 모델은 이제 40년 넘는 역사를 기록하고 있다. 학계나 언론에서는 저비용항공 모델이 이제 장거리 구간에도 도입된다고 말하는 것을 보게 된다. 그러나 장거리 저비용항공사의 역사는 사우스웨스트항공 취항하기 전인 1960년대 말에 이미 시작되었다.

아이슬란딕항공Icelandic Airways은 레이캬비크Reykjavik공항을 경유하는 노선을 통해 미국발 승객을 여러 유럽지점으로 연결하는 전략을 사용했다. 항공기나 승무원 운영에서 유리한 점을 활용해서 비용을 낮추고 저렴한 항공료를 제공했다. 1960년대 말부터 미국의 많은 젊은이들이 아이슬란딕항공을 이용하면서 '히피항공'이란 별명을 얻게 되었다. 빌 클린턴이나 힐러리 클린턴은 후에 아이슬란드를 방문 시 아이슬락딕항공을 이용했던 경험을 회상하기도 했다. 당시 이 항공사의 슬로건은 "We are the slowest but the lowest."

이후 두 번째 장거리 저비용항공사는 프레디 레이커의 레이커항공Laker Airways이다. 1977년 런던 개트윅공항과 뉴욕 JFK공항을 잇는 장거리 저비용 노선인 이른바 'Sky train' 서비스를 개시했다. 이후 영국-호주, 영국-홍콩 노선을 구상한 바 있으며, 'Globe-train'이란 계획으로 유럽 내 666개 노선을 개설하는 원대한 포부를 갖고 있었다. 하지만 1980년 경기침체와 함께 대형사와의 출혈경쟁 등으로 사업을 중지하게 된다.

리차드 브랜슨의 버진 아틀란틱은 레이커항공으로부터 영감을 받아서 시작하게 되며, 나중에 영국항공과의 소송 등에서 프레디 레이커경의 조언을 받기도 한다.

수십 년간 검증되어온 저비용항공의 모델은 이제 장거리노선에서 점차 확대되는 모습을 보게 될 것이다.

최근 장거리 저비용항공long-haul LCC 모델의 대표적인 사례는 젯스타Jetstar, 에어아시아 엑스AirAsia X, 세부퍼시픽Cebu Pacific, 스쿳Scoot, 에어캐나다 루지 Air Canada Rouge, 노르웨이항공 등이다. 또 지금은 모회사에 흡수합병된 V Australia 도 이 범주에 속한다.

장거리 저비용 항공사는 홀로서기로 생존하기 힘들다. 자신이 소속된 그룹에서 수요를 주고받는 단거리 노선망이 구축젯스타, 에어아시아 그룹 등되어 있거나, 자체 단거리 네트워크가 탄탄하게 구성세부퍼시픽, 노르웨이항공 등되어야 한다.

항공안전 개념의 적용확대로 안전한 대한민국을 만들자

항공에 적용된 첨단 안전 개념을 우리 사회 각 분야에 적용하면 어떨까? 아마도 안전한 대한민국 건설에 많은 도움이 될 것이다.

몇 가지 예를 들어보겠다.

세월호 참사 시 선박 관제시스템이 제대로 작동하지 않았음이 밝혀졌다. 항공에서는 조종사와 관제사가 모두 3차원 공간에서 항공기의 위치를 확인하고 철저하게 약속된 항로를 따라 비행하면서 교신을 통해 안전한 비행을 한다.

비행기에 이상이 발생하면 조종사는 즉시 관제사에게 이를 알리고 관제사는 필요한 모든 조치를 수행한다. 이러한 개념을 선박 운항 부분에 적용하면 선박사고를 획기적으로 줄이고 간혹 사고가 발생한다고 하더라도 수색, 구조가 신속하게 이루어질 수 있다고 보인다.

항공에 적용되고 있는 모의비행장치를 활용한 조종사 교육훈련 시스템을 철도기관사, 버스·택시·트럭 운전자에 적용하면 어떨까? 항공안전감독관 제도를 해운 분야에도 적용한다면?

항공기에 짐을 부칠 때는 모두 무게를 측정하게 되어 있다. 배에 물건을 적재할 때는 무게를 측정하는 시스템이 갖추어져 있지 않다. 모든 항만에 무게를 측정하는 시스템을 갖추면 어떨까? 항공에서 적용하는 안전 시스템을 사회 각 부분에 확대하는 문제를 심각하게 고민해야 할 때다.